WEIT ENTRÜCKTE
UMBRUCHZEIT

Die Floskel von der „Bahn im Wandel" mag manchen Zeitabschnitt besonders treffend charakterisieren, doch irgendwie passt sie immer. Wann ist schon alles beim Alten geblieben? Die klischeehaft als schwerfällige Riesenbehörde abgestempelte Bundesbahn agierte auch als dynamisches Unternehmen. Ihre pfiffigen Werbekampagnen sind legendär. Mit dem InterCity und ab 1991 dem ICE gewann sie verlorenes Terrain im Fernreiseverkehr zurück, den profillosen D-Zug ersetzte sie durch den Markenartikel InterRegio. Mit dem die Wirtschaftszentren verbindenden InterCargo-System und dem ab 1991 auf der Neubaustrecke Hannover – Würzburg 160 km/h schnellen InterCargoExpress spielte die Bahn konsequent ihre Systemvorteile im Güterverkehr aus.

Die in den Medien penetrant mit dem Attribut „marode" versehene Reichsbahn beförderte in den 1980er Jahren auf einem halb so großen Streckennetz mehr Güter als die Bundesbahn. Nach dem Mauerfall im November 1989 meisterte die DR in flexibler Kooperation mit der DB den Ansturm im deutsch-deutschen Reiseverkehr – von wegen „schwerfällig". Wie flexibel könnte heute die DB AG auf einen derartigen Massenandrang reagieren? Mit ihrer rigoros verschlankten Infrastruktur und ohne Fahrzeugreserven, aber noch komplizierterer Organisationsstruktur wäre sie wahrscheinlich heillos überfordert.

Heinz Dürr, 1991 zunächst Bundesbahnchef und ab Juni 1992 Vorsitzer des gemeinsamen DB/DR-Vorstands, bezeichnete die 1991 auf der Führungsebene eingeleiteten Schritte zum Zusammenschluss von Bundes- und Reichsbahn als „fundamentale Umbrüche". Tatsächlich krempelte man die Organisationsstruktur der DR weitgehend nach DB-Vorbild um. Sichtbaren Ausdruck fand das Zusammenwachsen beider Bahnen mit der Lackierung auch von DR-Reisezugwagen in DB-Produktfarben sowie im gemeinsamen Kennzeichnungssystem für Triebfahrzeuge nach DB-Muster. Die IC/ICE- und InterRegio-Netze wurden ins Gebiet der Reichsbahn ausgeweitet, die DR schaffte ihre Städte-Expreßzüge ab.

„Über das Trennende hinweg das Gemeinsame zu entdecken", sei die vorrangige Aufgabe beim Zusammenwachsen, schrieb Heinz Dürr im Vorwort zum DB-Geschäftsbericht 1991. Das verlange „in erster Linie die Bereitschaft der Eisenbahner in Ost und West, aufeinander zuzugehen und miteinander zu arbeiten". Nun, tausende Reichsbahner linderten mit ihrem Einsatz im Westen die Personalnot der DB, aber über hunderttausend Mitarbeiter der DR verloren von 1990 bis 1993 ihren Job.

Noch viel mehr Arbeitsplätze baute die Deutsche Bahn AG ab. Die verbliebenen Eisenbahner mussten mit der Zerschlagung jahrzehntelang gewachsener Strukturen klarkommen. So sehr sich die Eisenbahn bereits im Vorfeld der Reform wandelte – die damalige Umbruchzeit erscheint heute weit entrückt als Ausklang einer zugegeben auch etwas glorifizierten Epoche. Die größten Umbrüche standen noch bevor.

Konrad Koschinski

132 168-6

Titelfotos:
W.-D. Loos (Güsen, Strecke Magdeburg–Berlin, 1992), M. Werning (NBS Kassel–Göttingen, 1991)
Fotos dieser Doppelseite:
D. Kempf, F. Engbarth, M. Werning (2), O. Sydow

IDEALISTEN IM PLANDAMPF-FIEBER
Bei bestellten Veranstaltungen waren auf vielen Reichsbahnstrecken Dampfloks wieder vor regulären Zügen zu erleben. Der Begriff „Plandampf“ diente zur Abgrenzung von Sonderzügen.
Seite 84

Zwischen Neustadt (bei Coburg) in Bayern und Sonneberg in Thüringen ruhte der Eisenbahnverkehr ab Herbst 1951. Im Jahr 1991 wurde die 3,4 km lange Gleislücke geschlossen, den offiziellen Eröffnungszug am 28. September 1991 von Sonneberg nach Coburg bespannte die Reichsbahn-Ellok 243 302. Am Ortsrand von Sonneberg haben sich zahlreiche Schaulustige postiert. *Foto: Th. Splittgerber*

Deutsche
Reichsbahn
DR
Wiederinbetriebnahme
Strecke Coburg - Sonneberg (Thür.)
Teilabschnitt km 19,20 - km 17,60
Bahnhof Sonneberg - Beginn DB-Gleis
Reichsbahndirektion
Erfurt
Abteilung Neubau/Ausbau
Oberleitungsplanung: Fa. SIEMENS, Nürnberg
Fachabteilung Projekte/Ausführung
Bauüberwachung:
Gleisbau:
Erdbau:
Gründungen, Betonmaste:
Montage:
Sonneberg
Hönbach

Die Reichsbahn beauftragte Krupp mit der grundlegenden Modernisierung von 20 Diesellokomotiven der Baureihe 119, um diese im IC-Dienst einzusetzen. Am 8. April 1992 wurde die 229 100 (ex 119 100) im Bw Halle P im Rahmen einer musikalisch umrahmten Feierstunde an die DR übergeben. *Foto: K. Koschinski*

229 100-3

Dreharbeiten für die Filmkomödie „Go Trabi Go 2 – Das war der wilde Osten“ Ende April 1992 an der schmalspurigen Weißeritztalbahn nach Kurort Kipsdorf: Gut gelaunt blicken Marie Gruber und Wolfgang Stumph in die Kamera des Set-Fotografen. Der Film kam am 20. August 1992 in die deutschen Kinos, konnte aber nicht an den Erfolg des Vorgängers anknüpfen. *Foto: V. Emersleben*

099 726-2

Am 27. Mai 1990 begann bei der Deutschen Reichsbahn das InterCity-Zeitalter. Der IC „Johann Sebastian Bach“ absolvierte seine Eröffnungsfahrt von Frankfurt (Main) über Bebra nach Leipzig und zurück. In Erfurt Hbf übernehmen die beiden DB-Dieselloks 218 436 und 218 439 (beide vom Bw Kempten) den IC aus Leipzig von der 243 591 und befördern ihn bis Bebra. *Foto: D. Kempf*

218 436-4
DB

UNTERNEHMEN ZUKUNFT

Den Slogan „Unternehmen Zukunft" verkörperte überzeugend der 1991 gestartete ICE. Um den Deutschen Bahnen wieder eine Zukunftsperspektive zu geben, bedurfte es aber einer fundamentalen Reform, denn mit ihrer erdrückenden Schuldenlast waren DB und DR kaum überlebensfähig

In erstaunlich flexibler Ad-hoc-Zusammenarbeit meisterten Bundes- und Reichsbahn den Ausnahmezustand nach Öffnung der deutsch-deutschen Grenze. DB-Vorstandsvorsitzer Reiner Maria Gohlke und DR-Generaldirektor Herbert Keddi wollten schon am 1. April 1990 eine gemeinsame Planungsgesellschaft namens „Die Bahn" gründen. Bundesverkehrsminister Friedrich Zimmermann jedoch stoppte den Eifer der Bahnchefs. Mitte März untersagte er Gohlke, weitere Schritte zur Vereinigung mit der DR zu unternehmen. Der Bahnvorstand solle sich nicht in politische Angelegenheiten einmischen, sondern abwarten, bis die Politiker entschieden hätten.

Den Unmut des Auto-Fans Zimmermann rief vor allem ein von Eisenbahnern aus Ost und West erarbeitetes Fusionsdossier hervor, in dem es hieß: „Aktuelles Ziel ist es, seitens der Bahnen alles zu tun, um die jeweils teils unterschiedlichen, teils gemeinsamen Fehler von 40 Jahren in der Verkehrspolitik in der DDR wie in der Bundesrepublik Deutschland vermeiden zu helfen." Der vom Minister gescholtene Gohlke wechselte im Juli an die Spitze der Treuhandanstalt. Der DB-Vorstandsvorsitz blieb ein halbes Jahr vakant, bis Anfang 1991 Heinz Dürr diesen Posten übernahm. Als Generaldirektor der DR fungierte ab Juni 1990 Hans Klemm, ab Oktober 1990 leitete er die Reichsbahn als Vorstandsvorsitzer.

Der am 31. August 1990 zwischen der Bundesrepublik Deutschland und der Deutschen Demokratischen Republik geschlossene Einigungsvertrag schrieb bis auf Weiteres die Existenz zweier Staatsbahnen fest. Gemäß Artikel 26 gingen das Eigentum und alle sonstigen Vermögensrechte der DDR an der Reichsbahn sowie das zugehörige „Reichsvermögen" (!) in West-Berlin mit dem Beitritt der DDR zur BRD auf ein „Sondervermögen Deutsche Reichsbahn der Bundesrepublik Deutschland" über, vom „Sondervermögen Deutsche Bundesbahn" säuberlich getrennt.

Gewiss: Die Vorstandschefs von DB und DR hatten beide Sondervermögen zu koordinieren und auf das Ziel hinzuwirken, die beiden Bahnen technisch und organisatorisch zusammenzuführen. Ein Termin hierfür wurde aber nicht genannt. Aus dem Bundesverkehrsministerium verlautete, für eine Fusion fehlten die Grundlagen. Man könne die wirtschaftliche Situation der Reichsbahn nicht beurteilen. Als sicher galt nur, dass die Modernisierung des „maroden" Schienennetzes der DR dreistellige

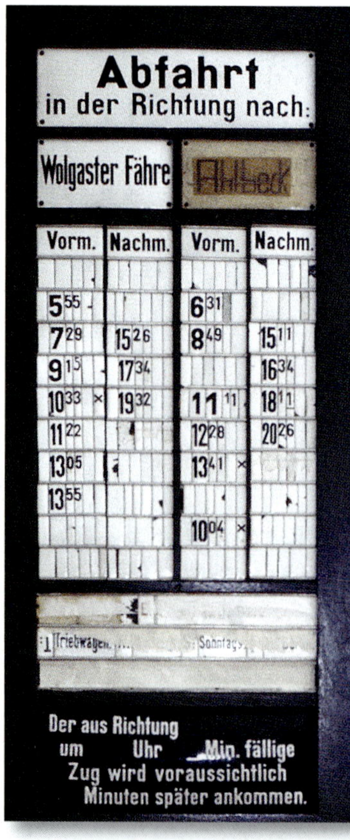

Abfahrtstafel im Haltepunkt Trassenheide auf der Insel Usedom im Fahrplanjahr 1992/93. Nicht nur der DR fehlten Mittel für dringendere Investitionen. ***Foto: St. Pfütze***

Fertig! Der ICE 598 „Kurpfalz" von München nach Hamburg-Altona ist bereit zur Abfahrt (Frankfurt/Main Hbf, 12. August 1991). ***Foto: J. Seyferth***

Dieser Trabant 601 universal wurde im Januar 1993 von der Deutschen Reichsbahn in Dresden noch als „Entstörwagen" eingesetzt. ***Foto: V. Emersleben***

Milliardenbeträge kosten würde. Dagegen verschmolzen die Deutsche Post der DDR und die Deutsche Bundespost sogleich mit Inkrafttreten des Einigungsvertrags – dies einschließlich ihrer Telekommunikationsbereiche, obwohl die Fernmeldesparte der DDR-Post mit Milliardeninvestitionen auf Westniveau gebracht werden musste.

Die Fortexistenz zweier Staatsbahnen im vereinigten Land war ein skurriles Unikum, der breiten Öffentlichkeit schwer zu erklären. Na ja, das berührte „Volkes Seele" kaum. Als absurd hätte das Volk sicher den mit erst anzugleichenden Strukturen der Sportverbände begründeten Fortbestand zweier Nationalmannschaften empfunden, völlig undenkbar beim Fußball. Allerdings löste sich der Deutsche Fußballverband der DDR (DFV) erst am 20. November 1990 auf. Noch im November sollten die Nationalmannschaften der DDR und der Bundesrepublik gegeneinander in Leipzig ein Freundschaftsspiel bestreiten, das wegen befürchteter Ausschreitungen abgesagt wurde. Äußerst pikant und riskant wäre schon ihre Begegnung bei der Fußball-WM im Sommer gewesen, doch die WM-Qualifikation der DDR-Elf war am 15. November 1989 gescheitert, als sie Österreich mit 0 : 3 unterlag. Anderenfalls hätte vielleicht Matthias Sammer wie anno 1974 Jürgen Sparwasser in einem WM-Endrundenspiel das Siegtor gegen die DFB-Auswahl geschossen, die im Finale (diesmal sogar gegen Argentinien) freilich erneut triumphierte ...

Auf dem Weg zur Fusion

Für Bundes- und Reichsbahn begann im zweiten Halbjahr 1990 die Phase systematischer Kooperation. Ab 3. Oktober galten für die DR weitgehend die gleichen Gesetze und Verordnungen wie für die DB, also unter anderem das Bundesbahngesetz, die Eisenbahn-Verkehrsordnung und die Eisenbahn-Bau- und Betriebsordnung (EBO). Nach DDR-Recht in Kraft blieben beispielsweise noch die EBO für Schmalspurbahnen und die Bau- und Betriebsordnung für Pioniereisenbahnen.

Zwei Unternehmen, doch ein Partner für den Kunden – so wollten sich Bundes- und Reichsbahn möglichst rasch präsentieren. Das bedeutete die Angleichung von Tarifstruktur, Angebot und Erscheinungsbild. Im Güter- und Personenver-

Bei der Reichsbahn waren Doppelstockwagen schon seit Jahrzehnten im Einsatz. *Foto: V. Emersleben*

Die Bundesbahn hingegen bestellte ihre ersten Serien-Dostos erst 1992. *Abb.: Slg. Koschinski*

kehr zwischen beiden Bahnen löste im Oktober 1990 jeweils ein Tarif DB/DR die bisherigen Tarife aufgrund internationaler Bestimmungen ab. 1991 übernahm die DR im Personenverkehr Sonderangebote wie Sparpreise, Interrail, Eurailpass, German Rail Pass und Tramper-Monatsticket. Ihre regulären Kilometerpreise hob sie recht deftig an, blieb damit aber noch deutlich unter Bundesbahn-Niveau und musste das auch weiterhin bleiben. Anfang 1992 bildeten DB und DR ein einheitliches Tarifgebiet mit gemeinsamem Preissystem für den Güterverkehr.

Zum Fahrplanwechsel am 2. Juni 1991 wurden die Zuggattungen vereinheitlicht. Bei der Reichsbahn gab es fortan keine Interexpreß- und Städte-Expreßzüge mehr, jedoch (nach Einführung erster InterCitys und InterRegios schon 1990) nun 22 EC/IC- und sieben IR-Zugpaare im Verkehr mit der Bundesbahn. Den bei der DB längst abgeschafften Begriff „Personenzug“ ersetzte auch die DR durch „Zug des Nahverkehrs“. Mit der Präsentation des VT 628 der DB und modernisierter Wagen warb die DR bereits 1991 für die Produkte RegionalSchnellBahn (RSB), RegionalBahn (RB) und CityBahn (CB), die sich aber bei ihr kaum noch etablierten. Regulär verkehrten, jeweils lokbespannt, RSB-Züge ab 1992 in der Relation Leipzig – Chemnitz sowie RB-Züge ab 1993 zwischen Halle und Erfurt.

Merklich größer wurde bei der DR ab 1991 die Farbenvielfalt. Neue und redesignte Reisezugwagen erhielten im Bereich der Fensterbänder die 1987 von der DB eingeführten Produktfarben Orientrot (für IC/EC), Fernblau (für InterRegios und andere Fernreisezüge) und Minttürkis (für RSB/RB/CB). Im sogenannten Mintgrün wurden auch LVT-Einheiten lackiert, womit die noch roten Exemplare bei Fotografen als „Blutblasen“ allmählich Kultstatus erlangten. In Orientrot mit lichtgrauem Latz erschienen fabrikfrisch die Elloks der Baureihe 212 bzw. 112. Hinsichtlich der Farbaufteilung gab es bei Elektro- wie Diesellokomotiven diverse Experimente. Aufsehen erregten die von den Regental Fahrzeugwerkstätten in Viechtach orientrot lackierten 119 078 und 087 mit recht eigenwillig gestaltetem weißen Latz.

Die Führungsstruktur der DR wurde zügig jener der DB angeglichen. Anfang 1991 wechselte Peter Münchschwander, langjähriges Mitglied des DB-Vorstands, von Frankfurt (Main) nach Berlin, wo er das Vorstandsressort Produktion und Technik übernahm. Ab 6. Mai 1991 gab es an der Spitze beider Unternehmen mit dem „Führungsgremium Deutsche Eisenbahnen“ eine erste institutionelle Verknüpfung. Heinz Dürr übernahm am 1. September 1991 auch den Vorstandsvorsitz der DR. Ab 1. Juni 1992 leitete er den gemeinsamen Vorstand von DB und DR, die als „Die Deutschen Bahnen“ ihr Zusammenwachsen betonten.

Als „Unternehmen Zukunft“ trat schon vorher die DB auf, besonders offensiv beim Start ins Hochgeschwindigkeitszeitalter mit dem ab 2. Juni 1991 planmäßig verkehrenden ICE Hamburg – Frankfurt in dreieinhalb Stunden, Frankfurt – Stuttgart in knapp anderthalb Stunden. Regulär Spitzentempo 250 und erlaubte 280 km/h auf den Neubaustrecken ermöglichten es. Auch wenn ihn die Presse in den ersten Wochen wegen mancher Probleme schlechtschrieb, der ICE verkörperte das „Unternehmen Zukunft“ eindrucksvoll und glaubwürdig.

Die zusammen mit der Bundesbahn ebenfalls als „Unternehmen Zukunft“ auftretende Reichsbahn indes mochte sich noch so sehr um ein besseres Image bemühen, ihr hafteten hartnäckig pauschal Prädikate wie „marode“, „verschlissen“ und „rückständig“ an. Dabei bildeten die durchaus modernen Lokomotiven der Baureihe 243 respektive 143 das Rückgrat des elektrischen Betriebs, mit dem deutlich über 50 Prozent der Transportleistungen erbracht wurden. Auch in Bundesbahn-Diensten konnten die 143er überzeugen. Und nach jahrzehntelanger Ignoranz erkannte die DB die Vorteile von bei der DR weit verbreiteten Doppelstockwagen, 1992 bestellte sie 75 Dosto-Wagen bei der Waggonbau Görlitz GmbH.

Ja, die Infrastruktur der DR war zu großen Teilen verschlissen. Umso beachtlicher waren die bald erzielten Fortschritte. Immerhin konnte schon 1992 auf den Strecken Berlin – Dresden und Berlin – Magdeburg sowie auf dem Abschnitt Nauen – Wit-

Interview mit Bahn-Chef Dürr im ersten ICE nach Berlin (22. Mai 1993). *Foto: M. Krolop*

Gegensätzliche Entwicklung: Während bei der Bundesbahn die Verkehrsleistungen in den Jahren 1990 bis 1993 bezüglich der Personenkilometer um mehr als 10 % stiegen, brachen sie bei der Reichsbahn um mehr als die Hälfte ein (Aufnahme vom Juni 1993). ***Foto: V. Emersleben***

tenberge (der Strecke Berlin – Hamburg) schneller als 120 km/h gefahren werden. Durch rasche Elektrifizierung des Streckenabschnitts Helmstedt – Magdeburg und der einstigen „Kanonenbahn" auf dem Teilstück Güterglück – Wiesenburg – Seddin schuf die DR eine Route für den ab 23. Mai 1993 bis Berlin verkehrenden ICE.

Ja, vielerorts strahlte die DR noch das Flair aus Honeckers und Ulbrichts Zeiten aus, erfüllten immer noch Bauten und Technik gar aus Kaisers Zeiten ihren Zweck. Freilich schätzten das Nostalgiker und insbesondere die Teilnehmer zahlreicher Plandampfveranstaltungen sehr. Zu den Höhepunkte des Plandampfs „Viva Magistrale" im Oktober 1991 zählte übrigens die Bespannung des Militärreisezugs D 1195 Magdeburg – Brest zwischen Magdeburg und Groß Kreutz je einmal mit 41 1185 und 41 1231. Die letzten „Gardinenzüge" für die einstige Sowjetarmee und nun GUS-Streitkräfte verkehrten (ab 1992 als Dm) regulär noch bis Ende August 1994. Darüber hinaus passten zivile Weitstrecken-Schnellzüge in die GUS-Staaten so gar nicht mehr ins Produktbild der DB AG.

Genthin, 19. Oktober 1991: Im Rahmen einer Plandampfaktion bespannte die 41 1185 den russischen Militärzug D 1195 nach Brest bis Groß Kreutz. ***Foto: K. Koschinski***

Werbung für die neuen fünfstelligen Postleitzahlen am Bahnsteig in Frankfurt (Main) Süd (Juni 1993). ***Foto: J. Seyferth***

Die Reichsbahn geht mit der Zeit: DR-Fahnen begrüßen die Reisenden in Cottbus (1991). ***Foto: H. Dörschel***

Tramper-Monats-Ticket, Euro Domino, InterRail-26, Junior-Paß – das gab es ab 1991 auch bei der Reichsbahn.

Zum 1. Januar 1991 hob die Reichsbahn ihre regulären Kilometerpreise im Reisezugverkehr spürbar an, blieb aber deutlich unter dem DB-Niveau. ***Abb.: Slg. Ponzlet (2)***

Reichlich veraltete Technik hinterließen der DB AG die Reichsbahn und die Bundesbahn. Gegen Ende 1993 betrieb die DR 2775 mechanische oder elektromechanische Stellwerke, 558 relaisgesteuerte Gleisbildstellwerke und drei elektronische Stellwerke. Bei der DB arbeiteten 2347 Stellwerke mechanisch oder elektromechanisch, 1640 Gleisbildstellwerke mit Relaissteuerung und 19 ESTW rechnergesteuert elektronisch. Zwar decken die moderneren Bauformen größere Stellbereiche ab, dennoch ist das deutliche Überwiegen der mechanischen und elektromechanischen Stellwerke auch bei der Bundesbahn bemerkenswert.

Gegensätzliche Kulturen

Obwohl in bedeutendem Umfang ebenfalls sanierungsbedürftig, war die Infrastruktur der DB fraglos besser in Schuss als die der chronisch überbeanspruchten DR. Als die Reichsbahn in den 1980er Jahren mit nach dem Ölpreisschock rigoros auf die Schiene verlagerten Gütertransporten Höchstleistungen erbringen musste, zerbröselten zu allem Übel die aus stark alkalihaltigem Zement gefertigten Betonschwellen. 1991 veranschlagte das Münchner Ifo-Institut die Investitionskosten für die Sanierung der DR mit 57 Milliarden DM. Den Investitionsbedarf für die Angleichung an den technischen Stand der Bundesbahn schätzten Experten auf 110 Milliarden DM.

Heinz Dürr befasste sich im DB-Geschäftsbericht 1991 ausführlich mit dem organisatorischen Zusammenwachsen von DB und DR sowie der fundamentalen Bahnreform. Prägnant verdeutlichte er die Dimension des Reformwerks: „Die Umwandlung zweier, in gegensätzlichen Kulturen gewachsener Quasi-Behörden mit rund 400 000 Mitarbeitern und 30 Milliarden DM Umsatz in ein privatrechtlich organisiertes Unternehmen ist einmalig in der deutschen Wirtschaftsgeschichte.“

Kernelemente der Strukturreform waren die Befreiung der Bahn von den Fesseln des öffentlichen Dienst- und Haushaltsrechts und von gemeinwirtschaftlichen Aufgaben, die Entlastung von den Altschulden und (die DB betreffend) vom Versorgungsaufwand für pensionierte Beamte sowie die Ausstattung der DB AG mit angemessenem Eigenkapital. Wenn die DB AG noch gemeinwirtschaftliche Leistungen vor allem im Personennahverkehr erbringen sollte, dann von Gebietskörperschaften bestellt und bezahlt. (So kam es ja auch, womit die Bahn nicht mehr länger als nimmersatter Subventionsempfänger dastand, denn Zuschüsse erhalten die Besteller.)

Ohne die Reform, so hieß es in den Medien, müssten DB und DR den Bankrott er-

Titelgestaltung: Die Reichsbahn gibt sich modern. ***Abb.: Slg. Ponzlet (3)***
RECHTS: Dampflok auf dem Taschenfahrplan 1990/91. ***Abb.: Slg. Koschinski***

klären, das ohnehin viel zu hoch bewertete Eigenkapital der Bundesbahn sei Ende 1993 aufgezehrt, das der Reichsbahn zwei Jahre später. Wirklich pleitegehen konnten die Staatsunternehmen allerdings nicht, denn wenn sie nicht selbst zur Beschaffung ausreichender Finanzmittel in der Lage waren, musste der Bund ihre Eigenmittel stärken oder Kredite zur Verfügung stellen.

Die Bundesbahn schloss das Geschäftsjahr 1993 mit dem Rekordfehlbetrag von 9,456 Milliarden D-Mark ab. Der Fehlbetrag der Reichsbahn belief sich gegenüber dem Vorjahr fast unverändert auf 6,115 Milliarden DM. Bei DB wie DR übertraf der Personalaufwand die mit Verkehrsleistungen erzielten Umsatzerlöse, bei der DR sogar um fast sechs Milliarden DM (Umsatzerlöse 2,521 Milliarden DM, Personalaufwand 8,501 Milliarden). Das ist umso bemerkenswerter angesichts des radikalen Personalabbaus: Ende 1989 beschäftigte die DR 267 635 Mitarbeiter, Ende 1993 nur noch 148 161. Der Personalbestand der DB ging lediglich von 254 491 auf 229 310 zurück.

Beide Bahnen zusammen hinterließen einen Schuldenberg in Höhe von rund 67 Milliarden DM, allein die DB etwa 50 Milliarden. Alle Altschulden übernahm der Bund. Dem Vorschlag der „Regierungskommission Bundesbahn“ vom Dezember 1991 folgend, beschloss das Kabinett am 15. Juli 1992 die Umwandlung von Bundes- und Reichsbahn in die Deutsche Bahn Aktiengesellschaft. Am 1. Dezember 1993 stimmte der Bundestag zu, mit dem am 17. Dezember gegebenen Okay des Bundesrats zur nötigen Verfassungsänderung nahm die Bahnreform die letzte Hürde. Am 1. Januar 1994 entstand die DB AG, privatrechtlich organisiert, aber zu hundert Prozent Bundeseigentum. Als hundertprozentige Bahntochter erhalten blieb die MITROPA. Die DSG Deutsche Servicegesellschaft der Bahn mbH, ehemals Deutsche Schlafwagen- und Speisewagen-Gesellschaft, ging in der neu formierten MITROPA AG auf.

Zu viel Busenbogen

Rund 25 Millionen Mark kostete die Einführung des neuen DB-Signets. Das „DR“ auf Fahrzeugen der bisherigen Reichsbahn konnte natürlich nicht bleiben, aber musste der traditionelle DB-Keks geändert werden?

RECHTS: Prospekt vom Frühjahr 1991. Die MITROPA betrieb auch Autobahnraststätten und Hotels.

LINKS: Typisches Flair mit Sprelacart, Aluleisten und PVC-Bechern: MITROPA 1990. ***Foto: V. Emersleben***

Ja, befand Heinz Dürr und bat den ihm gut bekannten Stuttgarter Design-Spezialisten Professor Kurt Weidemann um eine Modifikation. Der zählte am 1955 eingeführten Logo 28 Bögen, darunter „Busenbogen", „Hüftbogen" und „Schwangerschaftsbogen". Als zu schlaff empfand er die abgerundeten äußeren Ecken, die „tiefenpsychologisch Entscheidungsschwäche" signalisierten. An den Buchstaben erkannte er „Gefälligkeitsdellen" und „zu schwache Serifen".

Mit dem Ziel „Straffung, Aufrichtung, Schlankung" entwarf Weidemann das neue Emblem. Dieses schien nicht bloß Laien allzu simpel ausgefallen. Der Berliner Typograph Erik Spiekermann spottete in der Design-Zeitschrift *form*, dem „gewissermaßen erigierten Zeichen" fehle „jede Emotion, wie Männern, die bekanntlich ja auch nicht mit dem Bauch, sondern einem weiter unten gelegenen Körperteil fühlen".

Das Honorar für die Gestaltung sei mit „200 000 oder so" nicht unangemessen, versicherte Weidemann laut SPIEGEL Nr. 13/1994. Wenn er wirklich nur 20 Minuten gebraucht hat, wie er in einer Talkshow mit Günter Jauch sagte, eine stolze Summe! Dabei gab es schon mal ein frappierend ähnliches Logo, in den frühen 1950er Jahren an Straßenfahrzeugen der DB und bereits vorher mit den Buchstaben „DR" an solchen der DR (West) angebracht. Gut, die Striche und Buchstaben waren weniger fett. ❑

Ab 1990 wurde ins Streckennetz kräftig investiert (Gotha). ***Foto: V. Emersleben***

Bahnübergang mit Läutewerk auf der Insel Usedom (1992). ***Foto: St. Pfütze***

Die Deutschen Bahnen in Zahlen

		1989		1993	
		DB	DR	DB	DR
Betriebsstreckenlänge (jeweils 31.12.)					
Normalspur	km	27 039	13 762	26 376	13 933
Schmalspur	km	6	273	6	142
zusammen	km	27 045	14 035	26 382	14 075
davon					
eingleisig	km	14 667	9 812	13 733	9 718
mehrgleisig	km	12 378	4 223	12 649	4 357
elektrifiziert	km	11 688	3 829	12 146	4 736
nur mit Personenverkehr	km	698	385	808	k.A.
nur mit Güterverkehr	km	6 203	1 366	5 623	k.A.
Triebfahrzeugbestand (jeweils 31.12.)					
Dampflokomotiven		–	387 *)	–	86
Elektrische Lokomotiven		2 530	1 224	2 671	1 084
Diesellokomotiven		1 812	4 127	1 751	1 882 **)
Kleinlokomotiven		1 626	322	1 487	1 525 **)
Elektrische Triebwagen mit Stromzuführung (bei DB inkl. angetriebener Mittelwagen)		1 586	531 ***)	1 806	641 ***)
Akkumulatortriebwagen		42	–	26	–
Dieseltriebwagen		359	7	495	3
Schienenomnibusse (bei DR: LVT)		126	154	98	151
Betriebsleistungen					
Zugkilometer gesamt	Mio.	596	283	460	171
Bruttotonnenkilometer (Güterzüge)	Mio.	162 672	131 986	136 481	36 469
Verkehrsleistungen (Schiene)					
Beförderte Personen	Mio.	1 027	591	1 109	326
Personenkilometer	Mio. Pkm	41 144	23 596	46 683	9 850
Beförderte Güter	Mio. t	309,5	334,0	231,8	82,6
Tariftonnenkilometer	Mio. Tkm	61 233	58 045	51 827	12 772
Mitarbeiter (inkl. Nachwuchskräfte; jeweils am 31.12.)		254 791	267 635	229 310	148 161

Anmerkungen

*) davon Ende 1989 noch 263 Dampflokomotiven im Betriebspark (hiervon 70 Schmalspurloks)

**) V 60 der DR seit 1992 als Kleinloks geführt (Baureihen 344/345/346)

***) ET der Berliner S-Bahn sowie je drei ET der Buckower Kleinbahn und der Oberweißbacher Bergbahn

Quellen

Broschüren „Die Bahn in Zahlen" der DB/DR bzw. „Daten und Fakten" der DB AG. Bestandsangaben enthalten auch z-gestellte Fahrzeuge; offenbar falsche Angaben zum Bestand an Diesel- und Kleinloks der DR 1989 und zur Betriebslänge elektrifizierter DB-Strecken 1993 korrigiert.

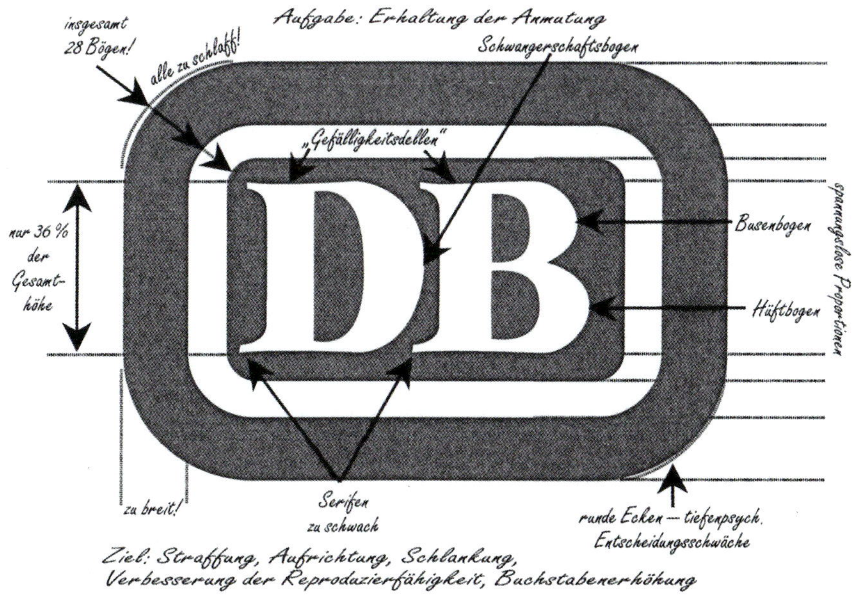

Eduard Ege entwarf den bekannten „DB-Keks". Kurt Weidemann erhielt 1993 den Auftrag, das Logo zu modifizieren. Die zahlreichen Bögen missfielen ihm. *Abb.: Slg. Samek*

Das Logo der 1994 gegründeten Deutschen Bahn AG, entworfen von Kurt Weidemann.

Um 1950: die erste Ausführung des DB-Logos auf einer Zugmaschine. *Foto: BD Köln*

Die Zahl der mechanischen oder elektromechanischen Stellwerke war zu Beginn der 1990er Jahre nicht nur bei der DR, sondern auch bei der DB deutlich höher als die der Gleisbildstellwerke. Blick aus dem Stellwerk in Gessertshausen an der Strecke Ulm–Augsburg (1992). *Foto: A. Ritz*

WENDE-BOOM

UND NEUE QUALITÄT

Ab Sommerfahrplan 1990 erhöhten DB und DR das Angebot im Reiseverkehr über die innerdeutsche Grenze auf rund 100 Zugpaare, darunter erstmals auch IC-Züge und InterRegios. Ein Jahr später wurde Berlin in das vertaktete IC/EC-System einbezogen, ab Mai 1993 sogar mit einer ICE-Linie

IC nach Hamburg mit Baureihe 229 auf der Berliner Stadtbahn (16.10.1993). Foto: O. Sydow

Auf die unerwartete Grenzöffnung in der Nacht zum 10. November 1989 hatten Bundes- und Reichsbahn prompt und flexibel reagiert. Um den Massenansturm der DDR-Bürger am ersten Wochenende der neuen Reisefreiheit zu bewältigen, legten sie vom Freitag, 10. November, bis Montag, 13. November, über 40 zusätzliche Fernzüge ein. Stark erhöht wurde, teils mit Pendelfahrten im gegenseitigen Einvernehmen der Grenzbahnhöfe, die Anzahl der Züge im „Kleinen Grenzverkehr“. Hilfsweise auf der Frankenwaldbahn eingesetzte DB-211er in Doppeltraktion dieselten ad hoc über Probstzella bis Saalfeld. Noch spektakulärer war die von DB-Eisenbahnern am 12. November

Berlin Zoo: 132 271 beschleunigt am 12. Juni 1990 den IR 342 nach Köln (mit 119 156 am Zugschluss für die Energieversorgung). ***Fotos: M. Krolop (2)***
UNTEN: 216 162 hat am 10. Oktober 1993 mit E 3657 (Göttingen – Dessau) Ausfahrt aus dem einstigen Grenzbahnhof Ellrich. ***Foto: W.-D. Loos***

spontan mit der Tour eines 614er-Triebzugs nach Ellrich initiierte Öffnung des bislang nur dem Güterverkehr dienenden Übergangs Walkenried/Ellrich für Reisezüge.

Ab 17. November 1989 galt ein um regulär täglich 14 Fernzugpaare und zehn Zugpaare des grenznahen Verkehrs aufgestockter Fahrplan. Weiterhin erforderte die Reisewelle zahlreiche Sonderzüge und den Einsatz allen nur verfügbaren Rollmaterials. Zum Erstaunen des Publikums im Westen kamen Doppelstock-Einheiten nach Lübeck, Hamburg und Nürnberg. Sonst nur im Binnenverkehr verwendete Rekowagen der Gattung Bghw setzte die DR ebenfalls ins Bundesgebiet ein. Die DB griff unter anderem auf zur Ausmusterung vorgesehene yg- und yl-Wagen zurück. Au-

29.4.1991: Treffen der Bahnhofsleiter von Berlin und Hamburg. ***Foto: V. Emersleben***

Am 27. Mai 1990 fuhr der erste planmäßige IC auf Reichsbahn-Gleisen: der IC 155 von Frankfurt (Main) nach Leipzig, hier mit 218 439 und 218 436 in Neudietendorf. ***Foto: V. Emersleben***

Berlin Zoo, 27.5.1990: Junge Reichsbahnerinnen empfangen den ersten IR mit Rosen.

ßerdem wurden österreichische und ungarische Wagen angemietet.

Ende November 1989 vereinbarten DB und DR 1359 Zusatzzüge für den Weihnachts- und Neujahrsverkehr. Von einer jubelnden Menschenmenge begrüßt, traf in der Silvesternacht auf dem Bahnhof Ellrich der von der 41 360 über die Grenze gebrachte Sonderzug „EC Deutschland" aus Düsseldorf ein, von Ellrich nach Nordhausen leistete die Sangerhäuser 44 1093 der DB-Dampflok Vorspann. Das reguläre Zugangebot im seit Weihnachten für Bundesbürger visafreien deutsch-deutschen Reiseverkehr wurde Anfang 1990 um etwa 20 weitere Zugpaare erhöht. (DDR-Bürger erhielten übrigens erst ab Februar 1990 auch formal volle Reisefreiheit.)

Ab Sommerfahrplan 1990 boten Bundes- und Reichsbahn insgesamt ca. 100 die innerdeutsche Grenze überquerende Zugpaare an, gut doppelt so viele wie ein Jahr zuvor. Davon befuhren fünf D-Zug-Paare ganz oder abschnittsweise die mit dem „Hauruck-Lückenschluss" zwischen Eichenberg und Arenshausen wieder durchgehend hergestellte Route Kassel – Nordhausen – Halle (Saale).

Mit dem IC 155/154 „Johann Sebastian Bach" Frankfurt (Main) – Bebra – Leipzig und zurück erschien am 27. Mai 1990 erstmals das DB-Spitzenprodukt InterCity auf DR-Gleisen. Auf der Berlin-Route über Helmstedt stufte man drei bisherige D-Zug-Paare zu Köln mit Berlin verbindenden InterRegios hoch. Aus einem D-Zug-Paar zwischen Nürnberg und Leipzig via Probstzella ging ein auf den Laufweg Leipzig – München ausgeweitetes IR-Paar hervor, ein IR-Paar in der Relation Leipzig – Probstzella – Nürnberg kam völlig neu hinzu.

Schon einige Tage vor Inkrafttreten der deutsch-deutschen Währungsunion am 1. Juli 1990 entfielen die Pass- und Zollkontrollen an den DDR-Grenzübergängen. Es blieb aber noch bis Ende September bei den dafür vorgesehenen Aufenthalten. Die bisherigen Transitzüge im Berlin-Verkehr hielten ab 1. Juli 1990 offiziell auf Unterwegsbahnhöfen in der DDR zum Ein- und Ausstieg von Reisenden. In Berlin begannen und endeten sie fortan nicht mehr im Bahnhof Friedrichstraße, sondern im Hauptbahnhof (dem heutigen Ostbahnhof).

Großes Aufsehen erregte der ab 1. August 1990 regulär erfolgte Einsatz eines vom Liechtensteiner Handelsunternehmen Jelka an die DR vermieteten ehemaligen DB-Triebzuges der Baureihe 601 als InterCity 130/139 „Max Liebermann" zwischen Berlin und Hamburg. Mit 3 Stunden 44 Minuten Reisezeit von Berlin Zoo bis Hamburg Hbf, in der Gegenrichtung knapp unter dreieinhalb Stunden, konnte er sich zwar nicht mit dem legendären „Fliegenden Hamburger" messen, bot aber ähnlich wie einst als TransEuropExpress herausragenden Komfort. Leider entsprach der technische Zustand nicht dem tadellosen Äußeren. Ab 30. September 1990 fuhr der IC „Max Liebermann" als mit Dieselloks der Baureihe 132 bespannter Zug. Im Dezember 1990 kehrte die 601-Garnitur nach Italien zurück.

Neue Qualität nach Taktfahrplan

Konträr zum durch den politischen Umbruch in der DDR – die sogenannte Wende – ausgelösten Boom im Reiseverkehr zwischen Bundes- und Reichsbahn ging das Fahrgastaufkommen im DR-Binnenverkehr schon 1990 deutlich zurück. Die

132 411 hat am 15. August 1991 mit dem EC 73 (Berlin – Zürich) Einfahrt in den Bahnknotenpunkt Eilsleben (b. Magdeburg). Am linken Bildrand ist auf der Strecke aus Haldensleben ein zweiteiliger LVT zu erkennen. ***Foto: V. Emersleben***

zunehmende „Motorisierung" ehemaliger DDR-Bürger trug dazu bei, dass bald auch Züge zwischen den alten und seit 3. Oktober 1990 neuen Bundesländern weniger Fahrgäste beförderten. Umso wichtiger wurde die Steigerung der Reisequalität.

Zum Fahrplanwechsel am 2. Juni 1991 bezog man Berlin in das vertaktete IC/EC-System ein. Zweistündlich von und nach Berlin verkehrten Züge der Linien 3 Berlin – Braunschweig – Kassel – Frankfurt (Main) – Karlsruhe und 5 Berlin – Braunschweig – Hannover – Köln – Basel. Einzelne in den Takt integrierte EuroCitys verbanden Berlin mit Zürich, Interlaken und Genf. Zwischen Berlin und Hamburg fuhren nun täglich vier IC-Zugpaare, davon eines bis/ab Westerland. Vier EC/IC-Zugpaare bedienten die Relation (Dresden –) Leipzig – Bebra – Frankfurt (– Saarbrücken), darunter zwei EuroCity-Paare bis/ab Paris. Diese und andere Fernreisezüge nutzten jetzt größtenteils die zunächst eingleisig wieder befahrbare, durch das Werratal führende Strecke Eisenach – Wartha – Gerstungen. Bis zur Inbetriebnahme des zweiten Gleises (September 1992) wurden sie ebenso wie die Züge des Nahverkehrs teils noch über die Ausweichstrecke via Förtha geleitet, die 1962 zur Umfahrung hessischen Territoriums errichtet worden war.

Die rasch erfolgten Lückenschlüsse Rentwertshausen – Mellrichstadt und Sonneberg – Neustadt (bei Coburg) stellten Verbindungen zwischen einst wirtschaftlich eng verflochtenen Regionen in Thüringen und Franken her. Der planmäßige Reisezugverkehr begann auf beiden Streckenabschnitten am 29. September 1991.

Ab 31. Mai 1992 fuhren die Intercitys auf den Linien 7 Hamburg – Berlin – Dresden (mit einem IC-Lauf Hamburg – Prag) und die IC/EC-Züge auf der Linie 9 (Paris –) Saarbrücken – Frankfurt – Leipzig – Dresden im Zweistundentakt. Neu hinzu kam die ebenfalls zweistündlich bediente IC-Linie 8 Berlin – Leipzig – Nürnberg – München mit Verlängerungen bis Garmisch-Partenkirchen und Zell am See. Auch die InterRegios auf der schon 1991 eingerichteten Linie 17 Köln – Leipzig – Dresden rollten nun im Zweistundentakt.

Die herausragende Neuerung zum Fahrplanwechsel am 23. Mai 1993 war die Integration Berlins und auch Magdeburgs in das ICE-Netz. Die zweistündlich die Bundeshauptstadt anbindenden ICE der Linie 6 München – Stuttgart – Frankfurt – Berlin nahmen den Weg über die zeitgleich mit dem Streckenabschnitt Helmstedt – Magdeburg elektrifizierte Strecke Güterglück – Wiesenburg (Mark). Wie im ICE-Kapitel geschildert, leitete man sie interimsweise zum Bahnhof Berlin-Lichtenberg. Nach Aufnahme des elektrischen Betriebs vom Abzweig Wilhelmshorst (nördlich von Mi-

Der IC 139 „Max Liebermann" ist am 17. September 1990 eine halbe Stunde vor Mitternacht aus Hamburg-Altona kommend in Berlin Hbf eingetroffen. *Foto: K. Koschinski*

Kurzes TEE-Revival: Ein VT 11.5 war im Sommer 1990 zwei Monate lang als IC „Max Liebermann" im Einsatz. *Abb.: Slg. Koschinski*
RECHTS: IC 130 nach Hamburg-Altona rollt am 27. August 1990 durch den Bahnhof Reinbek. *Foto: F. Engbarth*

119 138 und 119 053 haben am 14. Oktober 1990 in Probstzella den D 1401 nach Leipzig übernommen. *Foto: K. Koschinski*

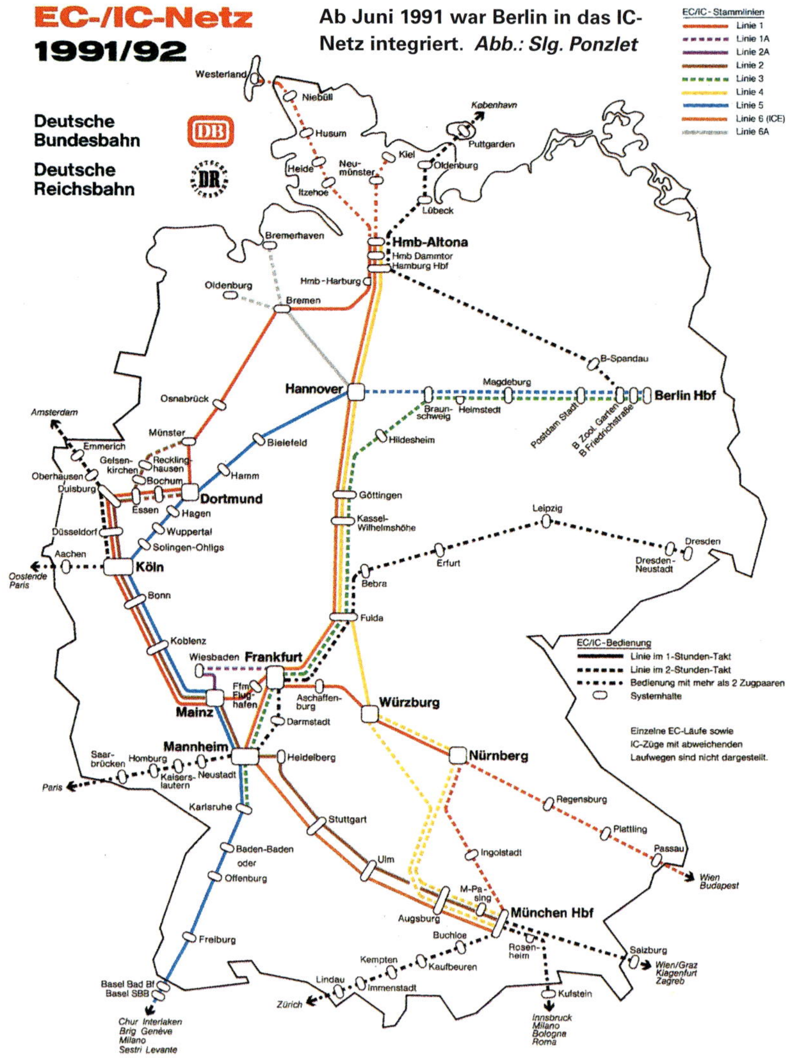

Ab Juni 1991 war Berlin in das IC-Netz integriert. *Abb.: Slg. Ponzlet*

120 126 mit IR 2203 aus Berlin auf dem neuen zweiten Gleis südlich von Pressig-Rothenkirchen (6.9.1993). *Foto: G. Hoch*

143 857 mit EC 58 „Goethe“ nach Paris in Naumburg (21.9.1992). *Foto: W.-D. Loos*

chendorf) bis Berlin Zoologischer Garten erreichten sie ab 3. Juli 1993 planmäßig die Berliner West-City.

Wechselseitige Lokdurchläufe

Bereits seit Mai 1989 fuhren aufgrund einer besonderen Vereinbarung DR-Lokomotiven der Baureihe 132 über den Betriebswechselbahnhof Gerstungen hinaus bis Bebra. Zuletzt waren 1973 DR-Maschinen, damals 015, regulär bis Bebra gekommen. Im Übrigen galt noch das am 25. September 1972 zwischen DB und DR geschlossene „Übereinkommen“, das Lübeck (DB), Büchen (DB), Oebisfelde (DR), Helmstedt (DB), Ellrich (DR), Gerstungen (DR), Probstzella (DR) und Hof (DB) als Betriebswechselbahnhöfe festgelegt hatte. Vor allem

Die Zweisystemlok 180 013 rollt im Frühjahr 1992 mit einem InterCity aus Frankfurt (Main)–Leipzig durch Dresden Mitte. *Foto: R. Heinrich*
UNTEN: 132 028 erklimmt am 13. Mai 1991 mit dem IC 154 „Johann Sebastian Bach" bei Eisenach die Steigung nach Förtha. *Foto: W.-D. Loos*

wegen des stark angewachsenen und weiter zunehmenden Reisezugverkehrs vereinbarten die deutschen Staatsbahnen am 8. Mai 1990 den wechselseitigen Einsatz von Triebfahrzeugen und Zugpersonal über die genannten Betriebswechselbahnhöfe hinaus. Entsprechende Personalschulungen begannen schon im April.

Folglich kamen ab Sommerfahrplan 1990 Kasseler 216 via Gerstungen bis Jena West, den InterCity „Johann Sebastian Bach" beförderten zwischen Bebra und Erfurt Loks der Baureihe 218 in Doppeltraktion. Im Gegenzug liefen 132er bis Kassel, außerdem (wie bis 1973 die 015) über Büchen nach Hamburg. Nordhäuser Dieselloks der Baureihe 112 und 114 rollten auf dem Weg über Ellrich bis Northeim und Altenbeken, auch 132er konnten auf dieser Route angetroffen werden.

Die Beförderung der InterRegios zwischen Helmstedt und Berlin übernahmen zunächst für den Einsatz mit modernen IR- und IC-Wagen mit einer Blindstromkompensation ausgerüstete 132er. Doch weil die Energieversorgung des Bistro-Wagens Probleme bereitete, wurden sie nach einigen Tagen von Braunschweiger 218 in Doppeltraktion abgelöst. Schon Mitte Juni, dann erneut ab 27. Juni fungierte wieder eine 132er als Zuglokomotive; als Energieversorger für den Bistro-Wagen lief teils hinter der 132er, teils am Zugschluss nun eine 119er mit. Damit sind nicht alle Varianten genannt. Jedenfalls kamen ab Mitte Juli 1990 bis zum zuverlässigen Betrieb mit 132ern längere Zeit 119-Doppelgespanne vor den InterRegios zum Einsatz.

Am 30. September 1990 trat eine neue Vereinbarung zwischen DB und DR in Kraft, die für sogenannte Grenzbetriebsstrecken äußerste, teils tief im Bereich der jeweils anderen Bahn gelegene Betriebswechselbahnhöfe festlegte. Von nun an liefen Regensburger 218 bis Reichenbach (Vogtland), während Reichenbacher 132 Schnellzüge bis Regensburg und Nürnberg sowie Güterzüge bis Nürnberg Rbf beförderten. Via Eichenberg fuhren 216er bis Nordhausen. Via Oebisfelde rollten 218er bis Stendal, andererseits 132er bis Hannover. Triebzüge der Baureihe

Der 614 024 befand sich am 18. Dezember 1992 in Oberhof (Thür.) auf einer Vorstellungsfahrt. Ab 23. Mai 1993 kamen die 614er planmäßig nach Erfurt. ***Foto: Th. Mäuser***

Am 16. August 1992 beschleunigt die 216 101 in Fröttstädt den N 8564 (Fröttstädt–Bebra). Links die beiden Gleise der Hauptstrecke Gotha–Eisenach. ***Foto: D. Kempf***

Die 112 037 hat am 16. August 1992 mit dem IC 174 „Porta Bohemica" (Prag–Hamburg) den Berliner Bahnknoten Ostkreuz erreicht.
Foto: K. Koschinski

Die 132 387 fährt am 20. Juli 1991 mit dem E/D 1339 (Kiel–Lübeck–Bad Kleinen–Berlin-Lichtenberg) aus Kiel aus.
Foto: S. Ullrich/ Slg. Dr. Timmermann

628.4 erreichten von Lübeck aus Bad Kleinen, über Büchen kamen sie nach Schwerin.

Nachdem 132er schon Ende September 1990 den IC „Max Liebermann" übernommen hatten, bespannten Maschinen dieser Baureihe ab Juni 1991 auch die neu eingeführten InterCitys zwischen Berlin und Hamburg. Außerdem liefen die ab Herbst 1991 sukzessive in 232 umgezeichneten russischen Großdieselloks mit einigen IC-Zügen via Helmstedt nun bis Braunschweig durch. Der allgemein bereits auf dem Rückzug befindlichen Baureihe 228 (ex 118) vertraute das Bw Wustermark 1992 Güterzugleistungen über Oebisfelde bis Fallersleben, Braunschweig, Lehrte,

228 714 bringt am 1. Juli 1993 bei Bad Karlshafen einen Eilzug nach Altenbeken. ***Foto: F. Engbarth***
UNTEN: E 6747 (Altenbeken – Erfurt) mit DR-204 bei Bad Karlshafen, 12. April 1993. ***Foto: R. Händeler***

V 100-Treffen in Meiningen: Links die 212 380 vom Bw Würzburg, rechts die im Bw Meiningen beheimatete 202 795 (19.8.1992). ***Foto: G. Hoch***

Lokwechsel DB/DR im Sommer 1992 in Reichenbach (Vogtl.). ***Foto: R. Heinrich***

119 009 eilt am 1.9.1991 mit E 7074 nach Hamburg durch Friedrichsruh. ***Foto: St. Pfütze***

Hannover-Linden und Seelze an. Nur im Fahrplanjahr 1992/93 beförderten Leipziger 228 das Zugpaar D 358/359 zwischen Halle und Göttingen (via Eichenberg). Neu dem Bw Nordhausen zugeteilte 228.6-8 kamen ab 23. Mai 1993 noch zwei Jahre lang mit Güterzügen bis Göttingen und mit Eilzügen via Ellrich bis Altenbeken.

Die Traktion der IC-Züge zwischen Berlin und Hamburg sowie Berlin und Braunschweig wurde 1992/93 teils von durch Umbau aus Loks der Baureihe 119 bzw. 219 entstandenen 229ern übernommen, teils von für 140 km/h ertüchtigten „Ludmillas“ der nunmehrigen Baureihe 134. Die Elektrifizierung des Abschnitts Helmstedt – Magdeburg ermöglichte schließlich Ellok-Durchläufe zwischen den Netzen von DB und DR. Die Beförderung der über Güterglück geleiteten IC-Züge nach und von Berlin oblag ab 23. Mai 1993 der Baureihe 103. „Tief in den Westen“ drangen die neu an beide Bahnen gelieferten, jedoch komplett beim Bw Berlin Hbf beheimateten 112.1 vor. Sie absolvierten auch zahlreiche Einsätze nur im Netz der Bundesbahn. An die Abgabe von DR-Maschinen der Baureihen 243/143, 250/155 und im Jahr 1993 auch 232 an die DB erinnert ein gesondertes Kapitel. ❑

VOLLDAMPF
ZUM BROCKEN

Die Reaktivierung der Bahnlinie auf den Brocken bereitete Umweltschützern große Sorge, Fremdenverkehrsverbände hingegen erkannten die Chancen für den Tourismus. Am 15. September 1991 feierte man die Wiedereröffnung, der Planbetrieb startete am 1. Juli 1992

Zigtausende Schaulustige – man schätzte die Zahl auf bis zu 80 000 – wohnten am 15. September 1991 der feierlichen Wiedereröffnung der meterspurigen Brockenbahn bei. Rund 30 Jahre nach dem Ende des Personenverkehrs im Abschnitt oberhalb von Schierke brachten die 99 5903 und 99 6001 (grün lackiert als „NWE 13“ und „NWE 21“) den mit Ehrengästen besetzten Traditionszug zum 1125 Meter über Normalnull gelegenen Endpunkt auf dem Brockenplateau – mithin zum höchstgelegenen Bahnhof der DR und zur höchstgelegenen Station Deutschlands an einer Adhäsionsbahn. Dem Traditionszug folgte ein mit den Loks 99 5902 und 99 7244 (als „99 244“) sowie Wagen des regulären Fahrzeugparks gebildeter Sonderzug.

Die Wiederinbetriebnahme der Brockenbahn war auch ein Ereignis mit Symbolcharakter für das Zusammenwachsen Deutschlands – drei Jahrzehnte, nachdem die DDR ihre „Staatsgrenze West“ abgeriegelt und den Brocken zum für die Zivilbevölkerung nicht mehr zugänglichen Sperrgebiet erklärt hatte. Am 13. oder 14. August 1961 (die überlieferten Angaben differieren) dampfte auf dem Abschnitt Schierke – Brocken der letzte Reisezug.

99 7243 mit P 14447 bei Elend, im Hintergrund der Brocken (16. Juli 1990). ***Foto: W. Wölke***
LINKS: Die feierliche Wiedereröffnung der Brockenbahn fand am 15. September 1991 statt. 99 5903 und 99 6001 brachten die Ehrengäste auf den Gipfel. ***Foto: J. Hörstel***

Weiterhin fuhren hier gelegentlich Versorgungs- und Materialzüge für die auf dem Brocken stationierten DDR-Grenztruppen und Sowjetstreitkräfte. Ab Herbst 1987 war der 13,6 km lange Streckenabschnitt Schierke – Brocken wegen des schlechten Oberbauzustands außer Betrieb, aber nicht offiziell stillgelegt.

Nach der Grenzöffnung am 9./10. November 1989 blieb das seit 1978 eingemauerte Gipfelplateau zunächst militärisches Sperrgebiet. Wegen der dort etablierten, gen Westen ausgerichteten Abhöranlagen der DDR-Stasi und des sowjetischen Militärgeheimdienstes sollte das „gemeine Volk" noch keinen Zutritt haben. Doch eben diesen erzwangen am 3. Dezember 1989 etwa 2000 Demonstranten.

Bereits im Jahr 1990 prüfte die Reichsbahn, ob und mit welchem Aufwand die Brockenstrecke reaktiviert werden könnte. Anliegergemeinden und Landkreise in der Harzregion begrüßten das Vorhaben. Doch Umweltschützer lehnten die Wiederaufnahme des Zugverkehrs ab, da die dann zu erwartenden Besuchermassen das einzigartige Ökosystem im Oberharz gefährden würden. Zudem erhoben sie Bedenken gegen den Dampfbetrieb. Die Lokomotiven würden mit ihrem Qualm nicht nur die Luft verschmutzen, sondern durch auslaufendes Öl auch das Erdreich verunreinigen.

Kommunen und Fremdenverkehrsverbände indes schätzten Dampfzüge als Touristenattraktion. Im Februar 1991 sprach sich der Wirtschafts- und Verkehrsminister des Landes Sachsen-Anhalt, Dr. Horst Rehberger, für den Erhalt des Dampfbetriebs auf dem gesamten Netz der Harzer Schmalspurbahnen sowie für die Reaktivierung der Brockenstrecke aus. Die DR verwies allerdings darauf, dass sie weder Investitionen finanzieren noch Betriebsverluste decken könne. Am 13. März 1991 gründeten die Landkreise Wernigerode, Nordhausen und Quedlinburg, die Gemeinden entlang der Strecken sowie die Kurbetriebsgesellschaft Braunlage eine Gesellschaft bürgerlichen Rechts mit dem Ziel, die Harzer Schmalspurbahnen zu kommunalisieren.

Eine am 16. April 1991 auf dem Streckenabschnitt Schierke – Brocken durchgeführte Oberbaumessfahrt ergab einen großen Reparaturbedarf. Von den auf 21 Millionen DM veranschlagten Kosten für die Instandsetzung der Gleisanlagen und Bahnsteige übernahm das Land Sachsen-Anhalt 19 Millionen DM. Am 25. Mai 1991 begannen Arbeiten zur Profilfreimachung, mit dem „Ausästungszug" befuhr erstmals wieder eine Dampflok (99 7232) die Brockenbahn oberhalb von Schierke. Den offiziellen Beginn der eigentlichen Reparaturarbeiten markierte der am 17. Juni 1991 durch Minister Rehberger erfolgte „erste Spatenstich" in Schierke. Auf 5,4 Kilometern Länge musste das Gleis ausgetauscht werden, dabei kamen abschnittsweise Y-Stahlschwellen zum Einbau.

Während die Arbeiten zügig voranschritten, versuchten Umweltverbände noch immer, auf juristischem Wege einen Baustopp zu erwirken. Nachdem mehrere Anträge vor Gericht gescheitert waren, sägten Unbekannte in der Nacht zum 14. September ein Schienenstück heraus und blockierten das Gleis obendrein mit Steinhaufen. Die Schäden wurden rasch behoben, in der Nacht vor der Wiedereröffnung am 15. September pendelte sicherheitshalber ein SKL auf der Brockenstrecke.

Zunächst brachten nur Sonderzüge Fahrgäste zum Gipfelplateau, denn auf Drängen des Wirtschaftsministeriums von Sachsen-Anhalt wurde die Bahn noch monatelang vorrangig für den umweltverträglichen (!) Abtransport des Betonschutts der Brockenmauer genutzt. Am 1. Juli 1992 begann der fahrplanmäßige Reisezugverkehr. Inzwischen war am 19. November 1991 die Harzer Schmalspurbahnen GmbH (HSB) gegründet worden. In kommunaler Trägerschaft übernahm sie am 1. Februar 1993 die Harzquer-, Brocken- und Selketalbahn. ❑

Döllnitzbahn: 99 1584 bedient am 1. August 1991 in Mügeln den Gleisanschluss eines Kohlehändlers. ***Fotos: W. Wölke (2)***
UNTEN: 199 872 mit P 14447 bei Sorge direkt an der einstigen Zonengrenze (Oktober 1990).

Die anderen DR-Schmalspurbahnen

Noch unklar war 1991 die Zukunft der Schmalspurbahnen in Sachsen und an der Ostsee. Möglichst rasch wollte sich die DR von der im mittelsächsischen Hügelland gelegenen Döllnitzbahn Oschatz–Mügeln–Kemmlitz trennen. Sie diente seit 1975 nur dem Güterverkehr, hauptsächlich der Kaolinabfuhr. Nach der Währungsunion am 1. Juli 1990 gingen die schon vorher abnehmenden Kaolintransporte weiter zurück. Ein im September 1991 zwischen „Pro Bahn – Hauptverband Ostdeutscher Fahrgastverbände" (1994 ging daraus der Deutsche Bahnkunden-Verband e.V. hervor) und der DR geschlossenes „Patenschaftsabkommen" verhinderte die Streckenstilllegung. Langfristig wieder eine Perspektive erhielt die Strecke mit einem am 17. Dezember 1993 unterzeichneten Vertrag. Aufgrund dessen übernahm drei Tage später die von Pro Bahn und dem Landkreis Oschatz gegründete Döllnitzbahn GmbH den Betrieb sowie Fahrzeuge und Infrastruktur. Seit 1991 dampften zahlreiche Sonderzüge auf der Strecke. Die angestrebte Wiederaufnahme des regulären Personenverkehrs wurde im August 1995 mit zunächst nur für Schüler bestimmten Zügen zwischen Oschatz und Altmügeln realisiert.

Das Landratsamt Zittau bereitete 1993 die Kommunalisierung der Schmalspurbahn Zittau–Bertsdorf–Kurort Oybin/Kurort Jonsdorf vor. Die 1994 gegründete Sächsisch-Oberlausitzer Eisenbahngesellschaft (SOEG) übernahm aber erst Anfang Dezember 1996 Infrastruktur, Fahrzeuge und Betriebsführung von der DB AG.

Für längere Zeit bei der DB AG blieben in Sachsen die Fichtelbergbahn Cranzahl–Kurort Oberwiesenthal (bis Ende Mai 1998) sowie die Lößnitzgrundbahn Radebeul Ost–Radeburg und die Weißeritztalbahn Freital-Hainsberg–Kurort Kipsdorf (beide erst im Jahr 2004 kommunalisiert).

Von der DR zur DB AG gelangten auch noch die schmalspurigen Bäderbahnen an der Ostsee. Am 1. Oktober 1995 kam der „Molli" Bad Doberan–Kühlungsborn West in kommunale Trägerschaft, am 1. Januar 1996 auch der „Rasende Roland" Putbus–Göhren.

Übrigens schon im März 1993 privatisiert wurde die seit 1978 (als Pioniereisenbahn) der DR unterstellte Berliner Parkeisenbahn. Und nicht zu vergessen: Im Juli 1991 endete der Betrieb auf der zur DR gehörenden Industriebahn Halle. Noch bis 1992 bedient wurde die Anschlussbahn vom Bahnhof Wilischthal zur Papierfabrik Wilischthal, ein Reststück des Thumer Schmalspurnetzes im Erzgebirge.

WIEDER VERKNÜPFT

UND AUSGEBAUT

Die innerdeutsche Grenze hat viele Schienenwege zerschnitten. Politik und DB bremsten nach der Grenzöffnung die Forderungen der Bevölkerung nach dem Wiederaufbau einstiger Verbindungen. Drei unterbrochene Bahnlinien wurden 1990 und 1991 wieder eröffnet und die seit 1978 nicht mehr genutzte Strecke über Wartha quasi neu errichtet

28. September 1991: Der von einem 218-Doppel gezogene Eröffnungszug Schweinfurt – Meiningen trifft in Rentwertshausen ein. ***Foto: Th. Mäuser***

Während das Straßennetz an vielen Stellen aufgrund örtlicher Initiativen schon vor Weihnachten 1989 zusammengeflickt wurde, standen dem raschen Wiederaufbau von durch die deutsche Teilung zerschnittenen Schienenwegen nicht bloß technische Hürden entgegen. Noch bedurfte es dazu ja der Verhandlungen zweier deutscher Regierungen. Mit dem am 25. November 1989 vereinbarten Lückenschluss zwischen Eichenberg und Arenshausen im Verlauf der alten Strecke Kassel – Leinefelde – Halle (Saale) eilten Bundes- und Reichsbahn jedoch der Politik voraus. Ende Januar 1990 begannen die Bauarbeiten, am 3. Mai wurde der 3,5 km lange, vorerst eingleisig wiederhergestellte Streckenabschnitt vollendet. Zur feierlichen Eröffnung am 26. Mai 1990 dampfte die Saalfelder 01 1531 mit dem Zwickauer Traditionseilzug über die Grenze, die DB setzte zwischen Eichenberg und Arenshausen pendelnde Dieseltriebwagen der Baureihe 628.2 ein. Tags darauf begann der reguläre Reise- und Güterverkehr.

Beidseits der Grenze von Bürgern, Volksvertretern und Institutionen erhobene Forderungen nach möglichst raschen weiteren Lückenschlüssen blockten das Bundesverkehrsministerium und der DB-Vorstand zunächst ab. „Investitionen in die bestehenden und die zur Zeit unterbrochenen Strecken müssen sich grundsätzlich aus einem lang anhaltenden Verkehrsbedürfnis ableiten

und betriebswirtschaftlich legitimieren", hieß es in einem Schreiben des Bahnvorstands an den Bundesverkehrsminister vom 26. Januar 1990. Von der deutsch-deutschen Regierungskommission „Verkehrswege" erarbeitete Vorschläge mündeten in das am 6. Juli 1990 vereinbarte Lückenschlussprogramm (siehe Übersicht auf Seite 45). Dieses enthielt neben dem Ausbau und der Elektrifizierung bestehender Strecken nur vier bald wieder herzustellende Schienenwege. Bedenkt man, dass die Grenze zwischen der Bundesrepublik und der DDR insgesamt 48 Bahnstrecken schnitt, fiel das Programm bescheiden aus. Davon waren 38 Strecken aufgrund der Teilung Deutschlands unterbrochen; inklusive der jüngst eröffneten Verbindung Eichenberg – Arenshausen und der dem Kaliverkehr durch DDR-Gebiet dienenden „Korridorstrecke" Gerstungen (DR) – Dankmarshausen (DR) – Widdershausen (DB) wurden zehn Strecken grenzüberschreitend befahren.

Im Jahr 1991 vollendeten DB und DR drei Lückenschlüsse. Am 25. Mai ging der 24 km lange Streckenabschnitt Eisenach – Wartha – Gerstungen eingleisig wieder in

OBEN: Bauarbeiten für den Lückenschluss bei Eichenberg (17.2.1990). LINKS: Am 26. Mai 1990 pendelten zwischen Arenshausen und Eichenberg Triebwagen der Baureihe 628.2.
Foto: J. Hörstel

Betrieb. Obwohl zwischen Wartha (Werra) und Neustädt (Werra) auf hessischem Territorium gelegen, blieb er komplett der Reichsbahn unterstellt. Zur Umfahrung des die Bundesrepublik durchquerenden Streckenteils mit den Bahnhöfen Herleshausen und Wommen war 1961/62 die ausschließlich auf DDR-Territorium verlaufende Strecke Förtha – Gerstungen gebaut worden. Die Strecke über Wartha nutzte die DR noch bis 1978 für den Güterverkehr. 1988 verzichtete sie auf die Betriebsrechte im hessischen Abschnitt. Seitdem verrotteten die bis auf eine kleine Lücke liegen gebliebenen Gleise im Werratal, so dass die Strecke ab 1990 quasi neu gebaut werden musste. Am 26. September 1992 erfolgte die Inbetriebnahme auch des zweiten Streckengleises, womit der Betrieb auf der Route über Förtha endete.

Am 28. September 1991 wurden die beiden fränkisch-thüringischen Lückenschlüsse gefeiert. Nur eine 3,4 km lange Gleislücke war zu schließen, um Neustadt (bei Coburg) mit Sonneberg (Thüringen) zu verbinden. Die Betriebsführung auf der von Beginn an elektrifizierten Strecke übernahm bis Sonneberg die Bundesbahn, die dorthin ihre teilweise von/nach Nürnberg durchgebundenen Wendezüge verlängerte. Ein Güterzugpaar zwischen Sonneberg und Lichtenfels schloss das Sonneberger Container-Terminal an das InterCargo-Nachtsprung-Netz der DB an.

Beim eingleisigen Wiederaufbau des 11,2 km langen Streckenabschnitts Mellrichstadt – Rentwertshausen legte man das Planum für ein zweites Gleis an und berücksichtigte die Möglichkeit der Elektrifizierung. Der im September 1991 vollzogene Lückenschluss wurde noch um die bis Mai 1993 wieder errichtete Direktverbindung zwischen Ritschenhausen und Grimmenthal ergänzt, die Zügen in der Relation Schweinfurt – Suhl – Erfurt den Umweg über Meiningen ersparte; ihre frühere Bedeutung auch für den Fernverkehr erlangte diese Route jedoch nicht wieder.

Am 27. Mai 1990 begann der reguläre Reise- und Güterzugverkehr: 132 110 mit D 1052 Leipzig–Kassel vor Eichenberg. *Fotos: W.-D. Loos (2)*
UNTEN LINKS: Der 3,5 km lange eingleisige Streckenabschnitt Arenshausen–Eichenberg wurde am 3. Mai 1990 vollendet. *Foto: V. Emersleben*
UNTEN RECHTS: Die im Januar 1990 begonnenen Bauarbeiten waren am 6. April weit fortgeschritten (bei Eichenberg). *Foto: V. Emersleben*

Symbolischer Lückenschluss Mellrichstadt–Rentwertshausen am 28. September 1991 in Mellrichstadt mit MdB und Innenstaatssekretär Eduard Lintner, Regierungspräsident des bayerischen Regierungsbezirks Unterfranken Franz Vogt sowie MdL Johann Böhm (v.l.n.r.).

OBEN LINKS: Die Präsidenten Knüpfer (Rbd Erfurt; links) und Weigelt (BD Nürnberg) trafen sich im April 1990 in Bad Kissingen, um über den Lückenschluss Mellrichstadt–Rentwertshausen zu sprechen.
OBEN RECHTS: 218 011 und 218 003 waren für den Eröffnungszug von Schweinfurt nach Meiningen am 28. September 1991 ausgewählt worden (bei Rentwertshausen).
Foto: V. Emersleben
LINKS: Soldaten bauten im Oktober 1990 den Plattenbelag ab, der zwischen Rentwertshausen und der innerdeutschen Grenze für Zwecke der DDR-Grenztruppen auf dem Bahndamm lag. ***Fotos: Th. Mäuser (3)***

Der für 1994 geplante Lückenschluss zwischen Bad Harzburg in Niedersachsen und Stapelburg in Sachsen-Anhalt hätte wegen teilweiser Überbauung der alten Trasse über Eckertal ein wohl langwieriges Raumordnungsverfahren erfordert. Deshalb wurde der von der DB vorgeschlagene Neubau einer rund zehn Kilometer langen eingleisigen Strecke zwischen Vienenburg und Stapelburg realisiert. Diese am 2. Juni 1996 eröffnete Strecke fädelt kurz hinter der Landesgrenze aus der alten Trasse Vienenburg – Wasserleben – Heudeber-Danstedt aus und trifft in Stapelburg auf die einst von Bad Harzburg kommende Strecke nach Wernigerode(– Heudeber-Danstedt – Halberstadt – Halle).

Noch im Rahmen des Lückenschlussprogramms erfolgte der Ausbau der Sachsen sowie Thüringen mit Bayern verbindenden Nord-Süd-Achsen via Hof und Probstzella. Auf der grundsanierten Strecke Plauen (Vogtland) – Hof nahm man am 22. Mai 1993 offiziell das zweite Gleis in Betrieb. Zur „Eröffnung" bespannte die Dresdener 01 137 von Reichenbach bis Hof den letztmals aus tschechischen Wagen gebildeten D 2601 Leipzig – Nürnberg, ab dem Folgetag verkehrte in der Zeitlage dieses Zuges ein InterRegio. Übrigens eilten die Feiern den Tatsachen etwas voraus, denn zwischen Gutenfürst und Feilitzsch kam der zweigleisige Ausbau erst 1995 zum Abschluss.

Auf der Magistrale durch das Saaletal und über den Frankenwald wurde zum Fahrplanwechsel am 28. Mai 1995 der elektrische Betrieb zwischen Camburg und Probstzella wieder aufgenommen. Mit Ausnahme des erst 1997 fertiggestellten Abschnitts Probstzella – Ludwigsstadt war die Frankenwaldbahn nun auch wieder zweigleisig befahrbar.

Anlässlich des Lückenschlusses Sonneberg – Neustadt (b. Coburg) am 28. September 1991 verkehrte ein Sonderzug mit 38 1182 und am Zugende 95 027. ***Foto: Th. Splittgerber***

Projekte Deutsche Einheit

Einige Vorhaben des Lückenschlussprogramms fanden Eingang in die im April 1991 von der Bundesregierung beschlossenen „Verkehrsprojekte Deutsche Einheit (VDE)". Das betraf den Ausbau und die Elektrifizierung der Strecken

- Hamburg – Büchen – Berlin (VDE 2), vollendet 1997, zunächst ertüchtigt für 160 km/h, nach Aufgabe des Transrapid-Projektes Berlin – Hamburg bis Dezember 2004 ausgebaut für 230 km/h
- Helmstedt – Magdeburg – Berlin (VDE 5), bis Magdeburg fertiggestellt Mai 1993, weiter über Potsdam bis Berlin vollendet Dezember 1995
- Eichenberg – Leinefelde – Halle (VDE 6), vollendet Mai 1994
- Bebra – Neudietendorf inkl. Wiederaufbau der „Berliner Kurve" bei Bebra (VDE 7), vollendet Mai 1995.

Ein durch die Spaltung Deutschlands unterbrochener Schienenweg wurde dann noch im Rahmen des Aus- und Neubaus der Strecke Uelzen – Salzwedel – Stendal (VDE 3) wieder hergestellt. Baustart war im April 1993, den Lückenschluss zwischen Nienbergen und Salzwedel vollzog man erst 1999. Der zweigleisige Ausbau der elektrifizierten Strecke ist bis heute nicht abgeschlossen.

Mit der Grundsteinlegung für die neue Elbebrücke Hämerten begannen im November 1992 die Arbeiten an der Hochgeschwindigkeitsstrecke Oebisfelde – Staaken, zusammen mit den Ausbauabschnitten Lehrte – Oebisfelde und Staaken – Berlin Stadtbahn Teil der 1998 fertiggestellten Schnellfahrstrecke Hannover – Berlin (VDE 4). Arbeiten im Raum Bitterfeld bildeten 1991 den Auftakt zum Ausbau der Strecke Halle/Leipzig – Berlin im Zuge des von Berlin bis Nürnberg insgesamt rund 520 km langen VDE-Schienenprojekts Nummer 8; vollendet wird dieses mit der voraussichtlich im Dezember 2017 in Betrieb gehenden Hochgeschwindigkeitsstrecke Erfurt – Ebensfeld. 1993 in Angriff genommenen, aber bis 2016 nicht im geplanten Umfang realisiert wurden der zweigleisige Ausbau der Strecken Lübeck/Hagenow Land – Rostock – Stralsund (VDE 1) und der Ausbau der Strecke Leipzig – Dresden für bis zu 200 km/h (VDE 9).

Lückenschlüsse im Raum Berlin

Im ersten Schritt zur Wiedervereinigung des seit 13. August 1961 getrennten Berliner S-Bahn-Netzes verknüpfte die DR die unterbrochenen Stadtbahngleise im Bahnhof Friedrichstraße. Am 2. Juli 1990, einen Tag nach Inkrafttreten der deutsch-deutschen Währungsunion, nahm sie den durchgehenden S-Bahn-Verkehr auf. Als erste vom Westteil Berlins ins Umland führende Verbindung ging am 1. April 1992 der Streckenabschnitt Wannsee – Potsdam Stadt wieder in Betrieb. Noch im gleichen Jahr folgten die Abschnitte Frohnau – Hohen Neuendorf am 31. Mai und Lichtenrade – Blankenfelde am 31. August. Sodann wurde am 17. Dezember 1993 mit der Wiederinbetriebnahme des Ringbahnabschnitts Westend – Neukölln und des Abzweigs von

Neukölln nach Baumschulenweg der zweite innerstädtische Lückenschluss gefeiert. Weitere S-Bahn-Lückenschlüsse folgten ab 1997. Hier genannt sei nur die nach diversen Etappen mit Inbetriebnahme des Abschnitts Westhafen – Gesundbrunnen am 15. Juni 2002 endlich geschaffte Komplettierung des Vollrings.

Insbesondere um Berlin in den ICE-Verkehr einzubeziehen, elektrifizierte die DR 1992/93 die Strecke Güterglück – Wiesenburg – Seddin. Über diesen „elektrischen Lückenschluss“ zum Berliner Außenring hinaus erreichte der Fahrdraht via Drewitz und Wannsee im Mai 1993 den Bahnhof Berlin Zoologischer Garten (regulärer elektrischer Betrieb dorthin ab 4. Juli).

Aufgrund der Abschnürung West-Berlins vom Umland unterbrochene Fernbahnstrecken wurden nach Gründung der DB AG wieder hergestellt, zuerst die Hamburger Bahn durch den im Mai 1995 vollendeten Lückenschluss zwischen Spandau und Albrechtshof. ❑

Friedrichstraße: Ab 2. Juli 1990 ohne Umsteigen von Ost- nach West-Berlin. ***Foto: M. Krolop***

Als erste von West-Berlin ins Umland führende Verbindung wurde am 1. April 1992 die Strecke Wannsee – Potsdam eröffnet. ***Foto: K. Koschinski***

219 061 mit N 6373 im einstigen Grenzbahnhof Gutenfürst (24.9.1992). Der zweigleisige Ausbau nach Hof erfolgte bis 1993. ***Foto: W.-D. Loos***

Werratalbahn: 132 168 und 132 432 treffen am 25. Mai 1991 mit dem Eröffnungszug aus Eisenach in Herleshausen ein. ***Foto: D. Kempf***

Lückenschlussprogramm DB/DR von 1990

Hamburg – Büchen – Berlin	zweigleisiger Ausbau für 160 bis 200 km/h, Elektrifizierung, Trennung Fernbahn/S-Bahn im Raum Hamburg
Helmstedt – Magdeburg – Berlin	Ausbau für 160 km/h, Elektrifizierung
Bad Harzburg – Stapelburg	Wiederaufbau der eingleisigen Strecke, alternativ Neubauvarianten
Eichenberg – Leinefelde(– Halle)	zweigleisiger Ausbau, Elektrifizierung
Bebra – Neudietendorf	Wiederaufbau der Strecke über Herleshausen – Wartha, zweigleisiger Ausbau für 160 km/h, Elektrifizierung
Mellrichstadt – Rentwertshausen	vorerst eingleisiger Wiederaufbau
Neustadt (b. Coburg) – Sonneberg	Wiederaufbau der eingleisigen Strecke, Elektrifizierung
Hochstadt-Marktzeuln – Camburg	durchgehend zweigleisiger Ausbau, Elektrifizierung Probstzella – Camburg
Hof – Plauen	zweigleisiger Ausbau

Am 25 Mai 1991 ging die Werratalbahn wieder eingleisig in Betrieb. ***Foto: V. Emersleben***

Als die Bundesbahn den planmäßigen ICE-Verkehr aufnahm, lag der Baubeginn für die Schnellfahrstrecke Hannover – Würzburg 18 Jahre zurück. Und seit der „Jungfernfahrt" des InterCity-Experimental (ICE-V) am 26. November 1985 waren fünfeinhalb Jahre vergangen. Nach dem langen Vorlauf brach das Hochgeschwindigkeitszeitalter in Deutschland obendrein mit Verspätung an – bundesbahntypisch eben, wie Journalisten frotzelten. Denn die offizielle Premiere am 29. Mai 1991 verlief nicht ganz nach Plan. Ausgerechnet der ICE aus Bonn, mit dem der Bundespräsident anreiste, traf eine Viertelstunde zu spät in Kassel-Wilhelmshöhe ein. Somit erreichten nur drei ICE-Garnituren gleichzeitig den neuen Bahnhof, eigentlich sollten dort vier der insgesamt fünf Premierenzüge parallel einlaufen. Der symbolische Druck auf den „roten Knopf" wenigstens klappte programmgemäß: Schlag 12 Uhr stellte Bundespräsident Richard von Weizsäcker die Signale für die neue Bahn-Ära auf Grün.

Vier Tage später, am 2. Juni 1991, begann auf der Route Hamburg – Frankfurt (Main) – Stuttgart – München der reguläre ICE-Verkehr im Stundentakt. Auf den Neubaustrecken Hannover – Würzburg (im Abschnitt bis Fulda) und Mannheim – Stuttgart rasten die weißen Schienenflitzer planmäßig mit Tempo 250 – betrieblich erlaubt wurden 280 km/h. Die Reisezeit beispielsweise von Hamburg nach Frankfurt (Main) verkürzte sich um eine Stunde, die von Hamburg nach Stuttgart um zwei Stunden, zwischen Mannheim und Stuttgart halbierte sie sich auf 40 Minuten.

Die Medien begleiteten den Start ins Hochgeschwindigkeitszeitalter teils sensationslüstern. Zeitungsleser gewannen den Eindruck, als kämen die Superzüge nicht recht vom Fleck. Wegen Verspätungen und peinlicher Pannen wie verstopfter Toiletten, defekter Türmechanismen und Triebkopfschäden spöttelten manche Gazetten über die „Titanic auf Schienen". Insgesamt 18-mal – so die Bilanz der ersten 26 Betriebstage – fielen ICE-Züge komplett oder auf Teilstrecken aus.

Aus Sicht der DB-Statistiker verlief die Einführungsphase zwar nicht ganz zufriedenstellend, geriet aber nicht zur Blamage. Die Störquellen wurden nach einigen Wochen größtenteils ausgemerzt. Verglichen mit dem Debüt nachfolgender Fahrzeuggenerationen, unter anderen des ICE 3, bereitete der ICE 1 wenig Anfangsschwierigkeiten – dies, obwohl dem Planeinsatz nur eine kurze Betriebserprobung vorausgegangen war. Die Auslieferung der Triebköpfe hatte im September 1989 begonnen, die Mittelwagen folgten jedoch erst ab Juli 1990. Deshalb wurden, um die Triebköpfe und ihr Zusammenspiel unter realen Lastbedingungen zu prüfen, zunächst „Dummy"-Züge gebildet. Diese bestanden aus Schnellzugwagen und je einem Triebkopf an den mit Mittelpufferkupplung ausgerüsteten Endwagen. Der Durchleitung elektrischer Signale und des Lichtwellenleiters zur Datenübertragung dienten provisorisch durch die Wagen verlegte Kabel.

Erst ab Ende des Jahres 1990 konnte man komplette ICE 1-Züge bilden und damit auch die Triebköpfe endgültig abnehmen. Dennoch verfügte die DB rechtzeitig zum Sommerfahrplan 1991 über 25 ICE 1-Garnituren mit je zwölf Mittelwagen, von denen sie 18 für den Umlauf zwischen Hamburg und München via Stuttgart benötigte. Um den anfangs häufigen Verspätungen auch durch Zeitpuffer für die Wartung und Reinigung der Züge im ICE-Bw Hamburg-Eidelstedt zu begegnen, stockte man den Umlauf auf 19 Plantage auf. Ende 1991 pendelte sich der Pünktlichkeitsgrad bei 90 Prozent ein.

Für anhaltenden Ärger sorgte indes der absolute Vorrang des ICE auf vom Regionalverkehr mitgenutzten Streckenabschnitten. „Stuttgart wird Vorort von Frankfurt. Und umgekehrt", lobte sich die Bahn in Anzeigen. Berufspendler im Frankfurter Raum, die in überfüllten Nahverkehrszügen auf ICE-Überholungen warten oder nach Streichung vieler Eilzüge auf die langsamere

Hamburg Hbf: 401 513 unternahm am 6. April 1991 eine Personalschulungsfahrt.
Foto: M. Werning

QUANTENSPRUNG

ZUR HOCHGESCHWINDIGKEIT

Was die Staatsbahnen Japans und Frankreichs längst vorexerzierten, schaffte 1991 die Bundesbahn. Endlich jagten auch in Deutschland Züge regulär mit einem Spitzentempo weit jenseits von 200 km/h dahin. Wie Shinkansen und TGV wurde der ICE zum Inbegriff für die zukunftsträchtige Rad-Schiene-Technologie

S-Bahn ausweichen mussten, empfanden das als Hohn.

Die von DB-Chef Heinz Dürr angekündigten Verbesserungen im Regionalverkehr blieben einstweilen Zukunftsmusik. Primär sollten sich für die Bundesbahn endlich die Milliarden-Investitionen im Fernverkehr rechnen. Während der japanische Shinkansen und der französische TGV längst erfolgreich gegen Auto und Flugzeug konkurrierten, drohte die Eisenbahn in Deutschland immer mehr ins Abseits zu geraten. Alle Hoffnungen richteten sich auf den InterCityExpress.

Auf Anhieb erfolgreich

Trotz Anlaufschwierigkeiten: Der ICE spülte der DB sogleich mehr Geld in die Kassen. Allein auf der Linie 6 Hamburg – Frankfurt – Stuttgart – München registrierte sie bis Ende 1991 einen Fahrgastzuwachs um 13 Prozent. 770 000 Neukunden hatten zuvor den Pkw, 550 000 das Flugzeug genutzt. Wie Umfragen ergaben, war für den Erfolg die Reisezeitverkürzung ausschlaggebend. 59 Prozent der Fahrgäste nannten diesen „Produktvorteil" als wichtigstes Kriterium. Etwa jeder Siebte gab an, den ICE wegen des Komforts und der Serviceleistungen gewählt zu haben. BordRestaurant, BordTreff, Zugtelefon, Audio- und Videoprogramme fanden großen Anklang.

LINKS: Wegweiser zum ICE-Festakt am 29. Mai 1991 in Kassel-Wilhelmshöhe. MITTE: Bundespräsident Richard von Weizsäcker schloss seine Rede mit dem Satz „Der Hochgeschwindigkeitsverkehr in der Bundesrepublik Deutschland ist damit eröffnet" und stellte symbolisch das Ausfahrsignal. ***Fotos: Th. Mäuser (2)*** **RECHTS: Das Vordach in Kassel-Wilhelmshöhe bietet keinen Schutz vor Wind.** ***Foto: K. Koschinski***

Bei der Anschlussstelle Bad Hersfeld-West führt die Neubaustrecke Kassel–Fulda über die A 7 (28. Juni 1992). *Foto: W.-D. Loos*
UNTEN: Zur Eröffnungsfeier des Hochgeschwindigkeitsverkehrs fuhren am 29. Mai 1991 ICE-Züge von Hamburg, Bonn, Mainz, Stuttgart und München zum neuen Bahnhof Kassel-Wilhelmshöhe. Ein sechster InterCityExpress gesellte sich später hinzu. *Foto: B. von Mitzlaff*

Der 401 583 war am 26. Mai 1992 für eine interne Präsentation zu Gast im Raw Cottbus – hier mit Werklok 7 (ex 100 555). ***Foto: H. Dörschel***

Die neuen „Rennpisten"

Gerechnet ab dem symbolischen ersten Rammschlag am 10. August 1973 in Laatzen bei Hannover vergingen bis zur Fertigstellung der Neubaustrecke Hannover–Würzburg fast 18 Jahre. Für die zeitgleich vollendete Neubaustrecke Mannheim–Stuttgart erfolgte der erste Rammschlag am 20. August 1976, sie nahm also fast 15 Jahre Bauzeit in Anspruch.

Auf der neuen Nord-Süd-Route war mit Inbetriebnahme des Abschnitts Fulda–Würzburg im Mai 1988 eine große Etappe geschafft, im Nordabschnitt ging damals das kurze Teilstück Edesheim–Nörten-Hardenberg ans Netz. Am 18. Mai 1990 folgte die Inbetriebnahme des Abschnitts von Nörten-Hardenberg bis Göttingen, ab 25. November war die Neubaustrecke von Hannover bis Jühnde (ca. 15 km südlich von Göttingen) durchgehend befahrbar. Ab Januar 1991 absolvierten ICE-Garnituren auf dem nördlichen Abschnitt Testfahrten, die man sukzessive auf die Gesamtstrecke ausweitete.

Im Verlauf der NBS Mannheim–Stuttgart wurde am 6. Oktober 1990 der neue Bahnhof Vaihingen (Enz) zusammen mit der dorthin verlegten Strecke Bietigheim-Bissingen–Mühlacker eingeweiht. Erst nach Errichtung eines Damms über die alte Trasse nordwestlich von Vaihingen konnte die Schnellfahrstrecke fertiggestellt werden, am 9. Mai 1991 ging sie komplett in Betrieb. Planmäßig in voller Länge befahren werden beide Neubaustrecken seit dem 2. Juni 1991.

Die neuen Schienenwege sollten auch helfen, den Güterverkehr zu beschleunigen. Tatsächlich rollen auf ihnen aber weit weniger Güterzüge als prognostiziert. So gilt als zweifelhaft, ob die DB mit der Konzeption für den Mischbetrieb gut beraten war, zumal das den Bau verteuerte. Die 327 km lange NBS Hannover–Würzburg kostete 11,9 Milliarden DM. Für die rund 100 km lange NBS Mannheim–Stuttgart beliefen sich die Baukosten auf 4,3 Milliarden DM.

Kurz noch zum ICE-Bahnhof Kassel-Wilhelmshöhe: Die Ende Mai 1991 eingeweihte Station bekam von den Kasselanern schnell den Spitznamen „Palast der vier Winde" verpasst. Das Empfangsgebäude erhielt keine Außentüren, auch unter dem fußballfeldgroßen, von 16 Meter hohen Säulen getragenen Vordach pfeift aus allen Richtungen der Wind. Gut gelöst sind immerhin die ÖPNV-Anbindung und die behindertengerechten Zugänge: Von den unter dem Vordach befindlichen Straßenbahn- und Bushaltestellen sowie vom Empfangsgebäude aus lassen sich die Bahnsteige über stufenlose Rampen erreichen. Zwischen den jeweils zwei Mittelbahnsteigen (mit den Gleisen 1 bis 4 und 7 bis 10) liegen zwei Durchgangsgleise für Güterzüge.

Am 23. Mai 1993 erreichten ICE-Züge erstmals planmäßig Berlin. Wegen einer verspäteten Inbetriebnahme des elektronischen Stellwerks in Berlin-Wannsee verkehrten mehrere Wochen lang mit Dieselloks bespannte „IC-Shuttle-Züge" zwischen Michendorf und Berlin Zoo.
Foto: K. Koschinski

Anders als mit dem zunächst rein erstklassigen IC-System verfolgte die Bundesbahn von Anfang an die Strategie, den InterCityExpress zum wichtigsten Fernverkehrsprodukt zu entwickeln. Entsprechend konzipierte sie das Liniennetz: möglichst hoher Anteil von Neubaustrecken, aber Fortführung auf Altstrecken und optimale Verknüpfung mit InterCity-, InterRegio- sowie Regionalverkehrslinien.

Im Laufe des Fahrplanjahrs 1991/92 wurde in den Zügen der Linie 6 die Anzahl der Mittelwagen von zwölf auf 13 erhöht, während auf der sukzessive auf ICE umgestellten Linie 4 Hamburg/Bremen – Würzburg – München Garnituren mit elf Mittelwagen zum Einsatz kamen. Nun generell über Nürnberg geführt, schafften die Züge der Linie 4 die Strecke von Hamburg Hbf nach München Hbf im Fahrplanjahr 1992/93 in 5 Stunden 59 Minuten. Der von der DB stolz gemeldete Reisezeitgewinn um bis zu 23 Minuten bezog sich aber auf die Umwegroute via Nürnberg. Erst die direkte Führung einzelner ICE-Züge über Ansbach drückte die Reisezeit Hamburg – München ab Sommer 1993 um eine weitere Viertelstunde und damit unter den schon von InterCitys erreichten Bestwert.

1992/93 erfolgte die schrittweise Umstellung der IC-Linie 3 Hamburg – Frankfurt – Karlsruhe (– Basel SBB), wobei es ab 27. September 1992 ICE-Durchläufe bis Zürich gab. Zum Fahrplanwechsel am 23. Mai 1993 banden Bundes- und Reichsbahn auch Berlin ins ICE-Netz ein: Die Züge der Linie 6 starteten alternierend in Hamburg, Bremen und zunächst Berlin-Lichtenberg zur „großen Deutschlandtour“ über Kassel, Frankfurt und Stuttgart nach München. Auf allen drei Linien waren jetzt 48 von 60 ICE-Garnituren eingesetzt, gebildet aus Triebköpfen der Baureihe 401 und zehn Mittelwagen (Linie 3) bzw. zwölf Mittelwagen (Linien 4 und 6).

Die Integration Berlins bereitete unerwartet große Probleme. Hauptgrund war die nicht fristgerechte Inbetriebnahme des elektronischen Stellwerks in Berlin-Wannsee. Angesichts des noch nötigen Probelaufs wollte die DR keine ins gesamte ICE-Netz ausstrahlenden Betriebsstörungen riskieren. Vorsichtshalber richtete sie mit Dieselloks bespannte „IC-Shuttle-Züge“ zwischen Berlin Zoo und dem mit Holzbohlen auf ICE-Länge gebrachten Bahnhof Michendorf ein. Die Notlösung funktionierte eher schlecht als recht. Umso freudiger applaudierte das Publikum am 3. Juli 1993 der Ankunft des ersten planmäßigen InterCityExpress (ICE 594 „Havelland“ aus München) im Bahnhof Zoo. Vom nächsten Tag an setzten dort alle ICE-Züge ein und aus. Noch konnten sie die Hauptstadt aber nur auf dem Umweg via Güterglück erreichen, erst ab 17. Dezember 1995 fuhren sie auf der durchgehend elektrifizierten Magistrale über Brandenburg. ❑

ICE-Bw Hamburg-Eidelstedt

Auf dem Areal des ehemaligen Eidelstedter Rangierbahnhofs nahm die DB am 22. September 1990 teilweise, dann am 26. April 1991 komplett das erste speziell auf den ICE zugeschnittene Bahnbetriebswerk in Betrieb. Den Kern der Bw-Kompaktanlage bildet die 430 Meter lange und 65 Meter breite Triebzughalle mit acht aufgeständerten Gleisen und drei Arbeitsebenen. In ihr werden während nur 60 Minuten Standzeit die deshalb „Stundenwender“ genannten ICE-Garnituren gewartet, im Inneren gereinigt und mit neuen Vorräten bestückt. Auch langwierigere Inspektionen und Ausbesserungen finden hier statt.

Der neue Bahnhof Vaihingen (Enz) wurde am 6.10.1990 eröffnet. ***Foto: Th. Küstner***
UNTEN: ICE-Triebkopf auf Testfahrt in Wuppertal (Februar 1991). ***Foto: R. Händeler***

Du kriegst drei Zettel

Ein DB-Lokführer erzählt von seiner Zusatzausbildung im Januar 1992, um mit der Baureihe 218 die DR-Strecke Büchen – Wittenberge befahren zu dürfen

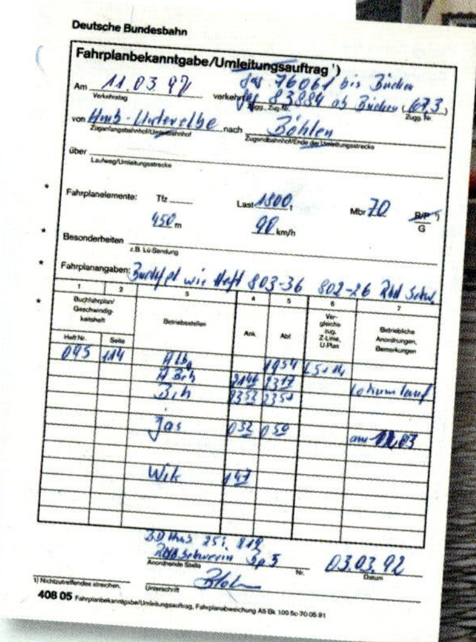

Deutsche Bundesbahn

Fahrplanbekanntgabe/Umleitungsauftrag

Am 11.03.92 verkehrt das 76061 bis Büchen, ab Büchen

von Hmb-Unterelbe nach Böhlen

Fahrplanelemente: Last 1800, Mbr 70, 450 m, 90 km/h

408 05

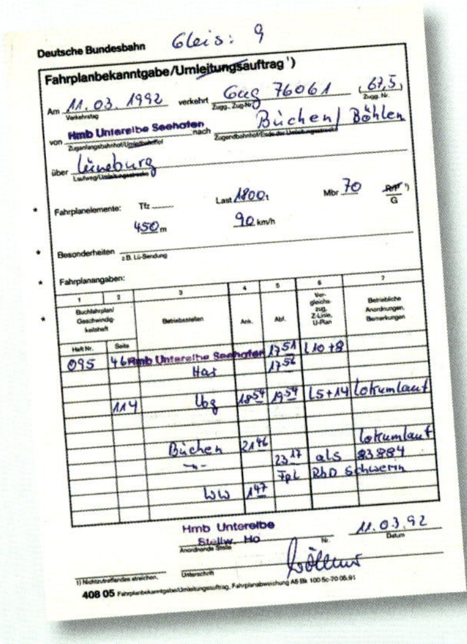

Deutsche Bundesbahn Gleis: 9

Fahrplanbekanntgabe/Umleitungsauftrag

Am 11.03.1992 verkehrt Gag 76061

von Hmb Unterelbe Seehafen nach Büchen/Böhlen

über Lüneburg

Fahrplanelemente: Last 1800, Mbr 70, 450 m, 90 km/h

Hmb Unterelbe Stellw. Ho 11.03.92

408 05

LINKS und OBEN: Für den Gag 76061 von Hamburg-Unterelbe Seehafen nach Wittenberge (– Böhlen) gab es bis/ab Büchen jeweils eine eigene Fahrplanmitteilung.

Im Januar 1992 erhielt ich in Hamburg die Ausbildung für den Betriebsdienst bei der Deutschen Reichsbahn, die mich zum Befahren des Streckennetzes der DR befähigen sollte. Die Ausbildung dauerte vom 13. bis zum 22. Januar 1992. Wir Teilnehmer erhielten vor dem Lehrgangsbeginn von unseren Dienststellen dazu die aktuellen Vorschriften der Reichsbahn ausgehändigt. Das waren das Signalbuch, die Fahrdienstvorschrift und die Bremsvorschrift.

Zehn Tage Unterricht für den ganzen Themenblock, das war ein ganz schön strammes Programm. Die stille Hoffnung mancher, die Vorschriften der DR würden sicher so ähnlich sein wie die der DB, erfüllte sich nicht. Das Lernen war für mich durch den Umstand anstrengend, dass man eben bewusst umdenken musste. DR war eben nicht DB und umgekehrt. Das bedeutete bei einigen Themenbereichen teilweise richtig Pauken.

Die Fahrdienstvorschrift der DR wies mit ihrer Schwester von der DB aber auch Gemeinsamkeiten auf: den roten Umschlag, den trockenen Stoff und die Nummer 408. Die Unterschiede zwischen den Regelungen beider Bahnverwaltungen zu teils gleichen Betriebsvorgängen machten den Unterricht anstrengend. Für mich bedeutete das nach dem Unterricht ein Selbststudium zu einigen Themen, die mir schwer verständlich waren. Mit dem Signalbuch und vor allem der Bremsvorschrift war das für mich schon erheblich einfacher. Die so „komplizierten" Hl-Signale waren vom System her eigentlich selbsterklärend.

Der gesamte Themenstoff aus diesen drei Vorschriften wurde dann in zehn Unterrichtstagen durchgepaukt, am Tag darauf war vor einer dreiköpfigen Prüfungskommission der Reichsbahndirektion Schwerin eine Verwendungsprüfung abzulegen, die zu diesem Anlass nach Hamburg anreiste. Die Prüfung war fair, aber es gab auch nichts geschenkt.

Und nach der bestandenen Prüfung? Das obligatorische Erwerben der Streckenkunde auf den geplanten Einsatzstrecken. Das war in meinem Fall konkret ab Büchen bis nach Wittenberge sowie die Streckenäste Hagenow Land – Schwerin und Ludwigslust – Schwerin.

Die Gespräche mit den Kollegen waren interessant und von viel Menschlichkeit geprägt. Es wurde natürlich von früher berichtet und erzählt: „Bei uns war das damals so, wie war das denn bei euch?" Natürlich aber auch die damals aktuellen Themen: Wird die Arbeit für alle reichen? Wird unser Bw zugemacht? Es brauchte nicht viele Jahre, um diese Fragen zu beantworten.

Die erste Fahrt ins Streckennetz der DR führte mich am 11. März 1992 in die Nacht hinein mit einem Güterzug von Hamburg-Unterelbe Seehafen nach Wittenberge. Nun war alles das umzusetzen, was man in den zehn Unterrichtstagen vermittelt bekommen hatte. Hinter dem Bahnhof Büchen lag in Streckenkilometer 236,470 die Grenze direkt unter einer kleinen Bachbrücke. Beim Überfahren dieser Grenze hatte ich ein seltsames Gefühl. Eine Mischung aus großer Freude, aber auch Fassungslosigkeit. Im Jahr 1986 stand ich kurz vor dieser Grenze als Lehrling und fotografierte eine 132 aus Richtung Schwanheide kommend und nun knapp sechs Jahre später fuhr ich selbst als junger Lokführer mit einer 218 in die andere Richtung. Hätte mir das damals jemand vorhergesagt, ich hätte ihn für verrückt erklärt.

Bei dieser Fahrt fiel mir nun sehr bewusst auf, dass nicht an allen Signalen die Gleismagneten für die punktförmige Zugbeeinflussung angebaut waren. Einige Bahnhöfe waren damit bereits ausgerüstet, andere noch nicht. Es galt also noch mehr aufzupassen und noch konzentrierter die Signale zu beobachten.

Die Besonderheiten waren in der damaligen Zeit die nur teilweise Kompatibilität der Zugfunkgeräte zwischen DB und DR. Im Bereich der DR musste bei den DB-Lokomotiven die Betriebsart „B" eingestellt werden und nicht die sonst übliche Betriebsart „A". Wenn man im Bereich der DR fuhr, stand so der volle

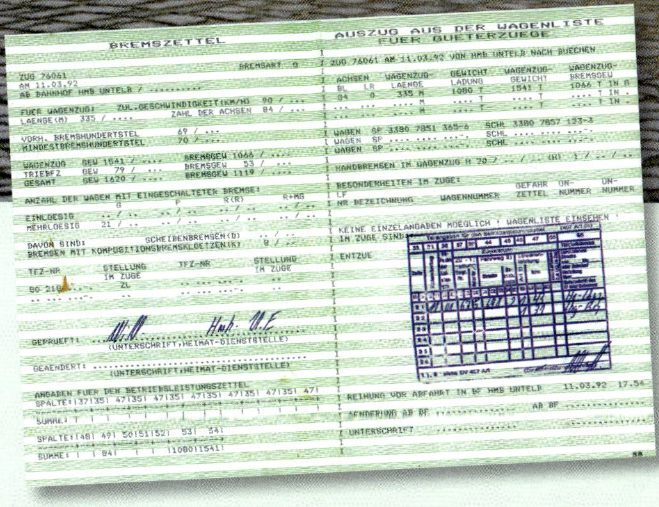

BREMSZETTEL

BREMSART G

ZUG 76061
AM 11.03.92
AB BAHNHOF HMB UNTELB / ....

FUER WAGENZUG: ZUL.GESCHWINDIGKEIT(KM/H) 90 / ...
LAENGE(M) 335 / .... ZAHL DER ACHSEN 84 / ...

VORH. BREMSHUNDERTSTEL 69 / ...
MINDESTBREMSHUNDERTSTEL 70 / ...

WAGENZUG GEW 1541 / .... BREMSGEW 1066 / ....
TRIEBFZ GEW 79 / ... BREMSGEW 53 / ...
GESAMT GEW 1620 / .... BREMSGEW 1119 / ....

ANZAHL DER WAGEN MIT EINGESCHALTETER BREMSE:

	G	P	R(R)	R+MG
EINLOESIG	.. / ..	.. / ..	.. / ..	.. / ..
MEHRLOESIG	21 / ..	.. / ..	.. / ..	.. / ..

DAVON SIND: SCHEIBENBREMSEN(D) .. / ..
BREMSEN MIT KOMPOSITIONSBREMSKLOETZEN(K) 8 / ..

TFZ-NR	STELLUNG IM ZUGE	TFZ-NR	STELLUNG IM ZUGE
80 218 ...	ZL	.. ..-.	..
.. ..-.	..	.. ..-.	..

GEPRUEFT: ....
(UNTERSCHRIFT,HEIMAT-DIENSTSTELLE)

GEAENDERT: ....
(UNTERSCHRIFT,HEIMAT-DIENSTSTELLE)

ANGABEN FUER DEN BETRIEBSLEISTUNGSZETTEL

SPALTE:	37	35	47	35	47	35	47	35	47	35	47	35	47
SUMME:													

SPALTE:	48	49	50	51	52	53	54
SUMME:		84				1080	1541

AUSZUG AUS DER WAGENLISTE
FUER GUETERZUEGE

ZUG 76061 AM 11.03.92 VON HMB UNTELB NACH BUECHEN

ACHSEN BL	ACHSEN LR	WAGENZUG-LAENGE	GEWICHT LADUNG	WAGENZUG-GEWICHT	WAGENZUG-BREMSGEW
84	0	335 M	1080 T	1541 T	1066 T IN G
...	...	.... M	.... T	.... T	.... T IN .
...	...	.... M	.... T	.... T	.... T IN .

WAGEN SP 3380 7851 365-6 SCHL 3380 7857 123-3
WAGEN SP ....-. SCHL ....-.
WAGEN SP ....-. SCHL ....-.

HANDBREMSEN IM WAGENZUG H 20 / .. / .. (H) 1 / .. / ..

BESONDERHEITEN IM ZUGE:

LF NR	BEZEICHNUNG	WAGENNUMMER	GEFAHR ZETTEL	UN-NUMMER	UN-NUMMER

KEINE EINZELANGABEN MOEGLICH ! WAGENLISTE EINSEHEN !
IM ZUGE SIND:

ENTZUE

REIHUNG VOR ABFAHRT IN BF HMB UNTELB 11.03.92 17.54

AENDERUNG AB BF .... AB BF ....

UNTERSCHRIFT ....

DB-Lokführer fuhren 1992 mit der Baureihe 218 von Hamburg über Ludwigslust bis nach Wittenberge. Szene am Bahnübergang in Ludwigslust mit 218 191 vor D 439 (März 1992). *Foto: W.-D. Loos*
LINKS: Als dritten Zettel bekam der Lokführer für seinen Gag 76061 den Bremszettel. *Abb.: Slg. Kettner (3)*

Funktionsumfang der Geräte nicht zur Verfügung.

Weitere Besonderheiten waren die Fahrplanmitteilungen für die Züge. Man erhielt eine für den Bereich der DB bis zur Grenze und dann ab der Grenze eine bis zum Zielbahnhof oder dem Bahnhof des geplanten Lokwechsels im Netz der DR, dazu den obligatorischen Bremszettel. Da sagte man dann: „Du kriegst drei Zettel." Häufig wechselte ab der Grenze die Zugnummer und aus dem Zug 76061 wurde ab Büchen der Zug 83884 im Bereich der DR.

Zur damaligen Zeit gab es für den Lokführer auch noch ungeliebte Schreibarbeiten: Das waren konkret der Betriebsleistungszettel für den Bereich der DB und der Lokdienstzettel für den Bereich der Deutschen Reichsbahn. Inhaltlich waren beide sehr ähnlich und dienten dem Erfassen der Daten eines Zuges: Zuglänge, Anzahl der beladenen und leeren Achsen und die Kilometer innerhalb eines Direktionsbereiches. Alle diese Angaben mussten an den jeweiligen Direktionsgrenzen gebrochen werden. Auf den Betriebsleistungszettel der DB kamen dann zum Beispiel alle Angaben vom Abgangsbahnhof Hamburg-Unterelbe Seehafen bis Büchen und auf den Lokdienstzettel der DR alle Angaben ab Büchen bis Wittenberge. Diese Angaben bezogen sich auf die durchgehende Bespannung des Zuges von Hamburg-Unterelbe Seehafen bis Wittenberge. Nach dem Lokwechsel am Zug wurde ein neuer Lokdienstzettel geführt für die weiterfahrende Lok ab Wittenberge.

Erlebt habe ich auch längere Wartezeiten im Bahnhof Ludwigslust, weil dort durch die Zugabfertigung alle Angaben von den Papieren aus dem Bereich der DB in das EDV-System der DR eingegeben werden mussten. Bis das erledigt war, stand man mit seinem Zug in Ludwigslust und wartete. Die Zusammenarbeit mit den meisten Kollegen der DR empfand ich als unkompliziert.

Im Rückblick war diese Zeit für mich persönlich einer der interessantesten Abschnitte in meinem Beruf als Lokführer.

TEXT: OLAV KETTNER

INTERREGIO-HOCH

ABSCHIED VOM FERNEXPRESS

Bis Ende 1993 erfuhr das Netz der InterRegio-Züge eine enorme Ausweitung und steuerte auf seinen Höhepunkt zu. Dagegen hieß es im Mai 1993 von der zehn Jahre zuvor eingeführten Zuggattung FernExpress Abschied zu nehmen

Zum Winterfahrplan 1988/89 hatte die Deutsche Bundesbahn ein neues Kapitel im Fernverkehr aufgeschlagen. Der erstmals auf der Linie Hamburg – Göttingen – Fulda/Kassel angebotene InterRegio war die wichtigste Produktinnovation seit Einführung des InterCity. Insgesamt 18 bis Ende 1992 in Betrieb zu nehmende IR-Linien sollten keineswegs bloß das IC-System ergänzen, sondern ein eigenständiges System bilden.

Das Konzept sah in der Regel einen Zweistundentakt vor, Korrespondenzbahnhöfe mit Verknüpfungen zwischen InterRegios untereinander sowie zwischen IC- und IR-Zügen, Zuglaufvariationen im Linientausch und einzelne Zugläufe über die Linienendpunkte hinaus, Kurswagen aber nur in Ausnahmefällen. Die Reisegeschwindigkeit sollte 90 km/h generell nicht unterschreiten. Wegen der meist auf zwei Minuten zu beschränkenden Unterwegshalte kam das Mitführen von Gepäckwagen nicht in Betracht.

Den Nachtreise- und internationalen Weitstreckenverkehr ausgenommen, strebte die Bundesbahn mit dem Markenartikel InterRegio mittelfristig die Ablösung des zum „Produkt ohne Profil" verkommenen D-Zuges an. Obwohl D-Züge noch immer mehr Fahrgäste beförderten als IC/EC-Züge, fuhren sie hohe Verluste ein.

Mit dem InterRegio wollte die DB allen, die bei Reisen über mittlere Entfernungen lieber mit dem Auto fuhren, weil der InterCity sie nicht ans Ziel brachte, eine Alternative bieten. Nach Inbetriebnahme aller geplanten IR-Linien erwartete die Bundesbahn 20 Prozent mehr Fahrgäste im Fernverkehr und hoffte, ihr Wirtschaftsergebnis dadurch um 200 Millionen Mark im Jahr verbessern zu können. So war sie zuversichtlich, dass sich die mit 1,2 Milliarden Mark veranschlagten Investitionen für den InterRegio-Wagenpark lohnen würden. 960 für 160 km/h oder 200 km/h zugelassene Fahrzeuge sollten durch Umbau aus D-Zug-Wagen entstehen, 240 für den Einsatz auf Neubaustrecken bestimmte Wagen mit Druckertüchtigung neu gebaut werden.

Mit den Umbauten war die in Weiden/Oberpfalz ansässige Planungs- und Produktionsgesellschaft für innovative Fahrzeugausstattung (PFA) beauftragt, ein 1985 gemeinsam von der DB und der Flachglas AG gegründetes Unternehmen. Nach je

181 225 mit dem IR-Vorläufer D 2432 im Moseltal bei Pünderich (19. September 1993). ***Foto: M. Werning***

einem 1987 gefertigten Prototyp für Wagen 1. und 2. Klasse lieferte die PFA ab 1988 serienmäßig aus Am^{203} und $Bm^{234/235}$ entstandene Aim^{260} und Bim^{263} sowie aus ABm^{225} hervorgegangene Servicewagen $ARbuimz^{262}$ mit 1.-Klasse-Bereich und BistroCafé (später bezeichnet als $ARkimbz^{262}$). Ende des Jahres 1990 verfügte die DB über 260 IR-Sitzwagen und 40 IR-Servicewagen.

Völlig neues Ambiente

In den durch ihr mittelblaues Fensterband mit hellblauem Begleitstreifen auffallenden Wagen fanden die Fahrgäste ein völlig neues Ambiente vor: Abteile mit fünf Sitzplätzen und auch als Gepäckablage nutzbarem Kindersitz, Großräume mit 10, 15 oder 20 Sitzplätzen, Anordnung sowohl vis-à-vis als auch in Reihe, große und kleine Tische, Garderoben, Gepäckablagen aus Glas und Schließfächer in den Eingangsbereichen. Mit Vorhängen versehene Ganzglaswände trennten die Fünfer-Abteile vom Seitengang.

Extrabreite Einstiegstüren für Rollstuhlfahrer und eine behindertengerechte Toi-

Mit dem IR 2041 (Hannover–Leipzig) passiert die 218 246 am 5. Mai 1992 den Bahnhof Groß Ammensleben (Strecke Oebisfelde–Magdeburg). *Foto: J. Hörstel*

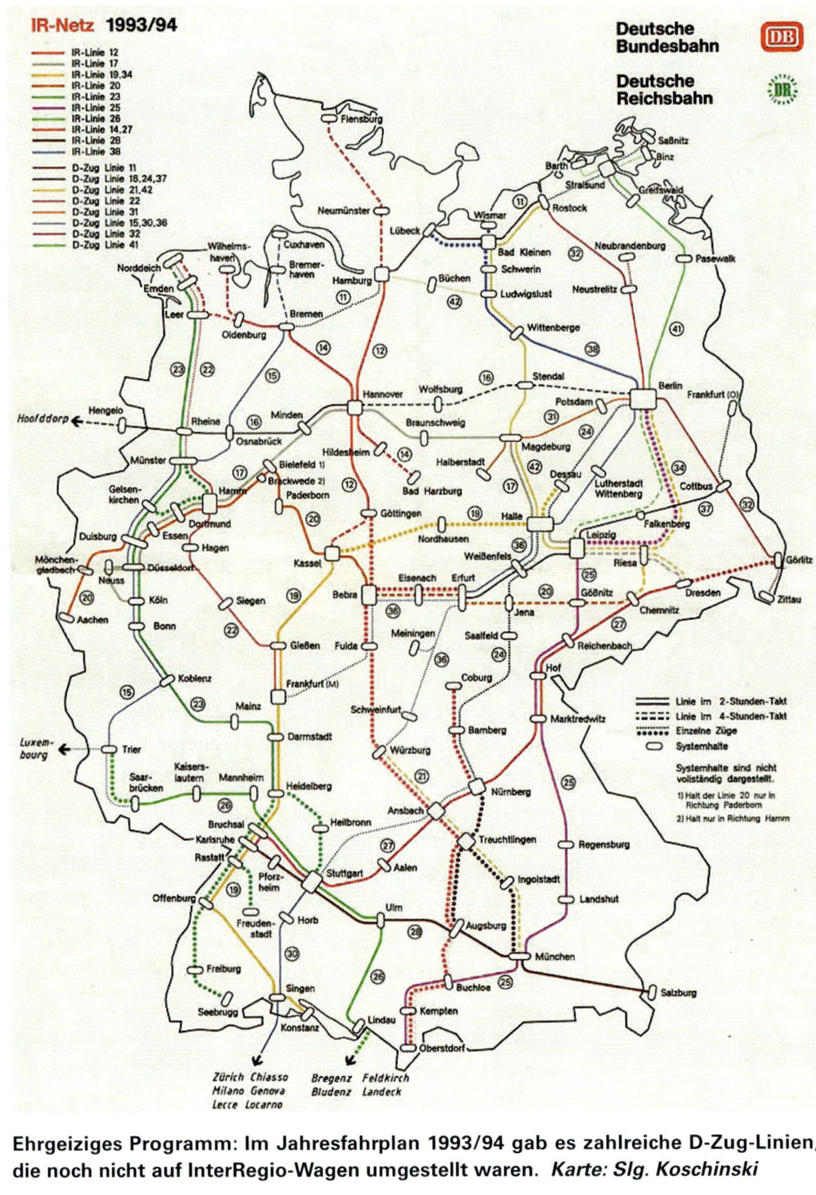

Ehrgeiziges Programm: Im Jahresfahrplan 1993/94 gab es zahlreiche D-Zug-Linien, die noch nicht auf InterRegio-Wagen umgestellt waren. *Karte: Slg. Koschinski*

Zunächst im Sandwichbetrieb: IR-Linie 22 (Finnentrop, Juli 1995). *Foto: E. Pempelforth*

Die innovative „Innenarchitektur" der IR-Wagen kam bei den Kunden gut an. *Foto: PFA*

Die InterRegio-Linie 25 verband Leipzig mit München auf der Route über Hof und Regensburg. Mit einem InterRegio Richtung Hof passiert die 232 239 am 2. April 1993 den Bahnhof Gera Süd. ***Foto: U. Steinwasser***

lette zählten zu den Pluspunkten des mit Sonderabteilen, beispielsweise für Familien, ausgestatteten Servicewagens. Das dort untergebrachte BistroCafé lud, obwohl auf Selbstbedienung zugeschnitten, durchaus zum Verweilen ein. Messing, Glas und Spiegel verliehen ihm einen Hauch gediegener Eleganz, andererseits trugen zwanglos um Tische arrangierte Sitzgruppen zu einer lockeren Atmosphäre bei. Dem stilvollen Ambiente angemessen waren Metallbesteck, Gläser und Porzellangeschirr.

Mit 60 statt bisher 72 Sitzplätzen boten die InterRegio-Wagen 2. Klasse mehr Beinfreiheit, insbesondere in den Fünfer-Abteilen mit jeweils versetzt vis-à-vis angeordneten Zweier- und Dreier-Reihen. Das Fehlen einer Klimaanlage empfanden viele Reisende eher als angenehm, sie freuten sich über zu öffnende Abteilfenster.

Da der Wagenpark erst nach und nach zur Verfügung stand, konnte die DB das IR-System nur schrittweise aufbauen. Meist richtete sie auf geplanten IR-Linien einen Vorlaufbetrieb mit vertakteten D-Zügen ein, die bereits vierstellige IR-Zugnummern erhielten. Dem Auftakt auf der Linie 12 Hamburg – Göttingen – Kassel/Fulda (mit Durchläufen Hamburg – Frankfurt und Flensburg – Fulda) folgte zum Sommerfahrplan 1989 die Einführung des InterRegio-Verkehrs auf der Linie 19 Kassel – Konstanz. Durch Verknüpfung der Linien 12 und 19 gab es zwei durchgehende Zugpaare zwischen Flensburg und Konstanz. Hinzu kam ab 4. Februar 1990 die IR-Linie 20 Duisburg – Hamm – Kassel – Bebra.

Netz rasch erweitert

Am 27. Mai 1990 wurde das InterRegio-Netz auf das Gebiet der Deutschen Reichsbahn ausgedehnt: Drei Zugpaare verbanden Berlin mit Köln bzw. Aachen (Linie 17 über Helmstedt), zwei Leipzig mit Nürnberg bzw. München (über Probstzella).

Zum Fahrplanwechsel am 2. Juni 1991 entfiel die IR-Verbindung Berlin – Köln zugunsten der IC-Linie Berlin – Köln – Basel. Die Linie 17 erhielt den neuen Verlauf Köln – Hannover – Wolfsburg – Leipzig –

Ein Zugpaar des InterRegio-Vorlaufbetriebs zwischen Leipzig und Nürnberg verkehrte mit tschechischen Wagen. Am 19. Juli 1992 wurde die 232 700 mit dem D 2601 (Leipzig–Hof–Nürnberg) bei Waldershof im Bild festgehalten. ***Foto: G. Hoch***

Dresden, ein IR-Zug-Paar verkehrte von Norddeich über Wolfsburg nach Leipzig.

Im Bundesbahnbereich wurden 1991 drei im Zweistundentakt bediente IR-Linien geschaffen:

26 (Trier –) Saarbrücken – Mannheim – Stuttgart – Ulm – Lindau
27 Karlsruhe – Stuttgart – Aalen – Nürnberg
28 Karlsruhe – Stuttgart – München – Salzburg.

Vier Zugpaare der Linie 26 verkehrten nach bzw. von den ÖBB-Bahnhöfen Bregenz, Feldkirch, Bludenz und Landeck.

Ab 31. Mai 1992 fuhren die Züge der Linie 17 Köln – Leipzig – Dresden im Zweistundentakt. Die während des Jahresfahrplans 1992/93 auf InterRegios umgestellte Linie 25 Leipzig – Hof – Regensburg – München war ebenfalls vertaktet, wies aber besonders viele von der Stammlinie abweichende Zugläufe auf. In den Zweistundentakt südlich von Reichenbach (Vogtland) integriert waren je ein Zugpaar zwischen Berlin und Oberstdorf, Dresden und Oberstdorf sowie Görlitz und München; zudem gab es Linientauscher zwischen der Linie 25 und den Linien 27/27A Leipzig bzw. Dresden – Nürnberg – Stuttgart – Karlsruhe. Die Linie 20 Köln – Kassel – Bebra weitete man mit drei Zugpaaren im Vierstundentakt via Erfurt und Jena bis Chemnitz aus. Durch Umwandlung von D-Zügen entstanden

Mit dem InterRegio 1775 von Hamburg-Altona nach Konstanz fährt die 111 096 im Oktober 1990 oberhalb von Triberg dem Scheitelpunkt entgegen. ***Foto: A. Ritz***

1992/93 auch die mit jeweils fünf Zugpaaren bedienten IR-Linien 34 Berlin – Chemnitz und 38 Berlin – Schwerin (– Lübeck – Kiel). Somit umfasste das IR-Netz ab 1. März 1993 zehn Linien in InterRegio-Qualität.

Auf 14 in der Karte „IR-Netz 1992/93" dargestellten Linien verkehrten noch D-Züge. Hiervon wurde die Linie 23 (Norddeich –) Rheine – Köln – Heidelberg zum Fahrplanwechsel am 23. Mai 1993 in eine zwischen Emden und Heidelberg zweistündlich bediente IR-Linie mit einzelnen Durchbindungen bis Seebrugg, Freudenstadt und Stuttgart umgewandelt. Teils als Ersatz für bisherige IC-Kurzzüge zwischen Oldenburg bzw. Bremerhaven und Hannover entstand die IR-Linie 14 Norddeich/Wilhelmshaven – Oldenburg – Bremen – Hannover – Hildesheim – Bad Harzburg.

Als bemerkenswerte Einzelleistung im Jahresfahrplan 1993/94 seien die neuen D-Zug-Paare Cottbus – Erfurt – Würzburg und Berlin – Erfurt – Würzburg erwähnt, die jeweils auf dem direkten Weg über Suhl – Schweinfurt fuhren. Das Zugpaar zwischen Berlin und Würzburg wurde zum Jahresfahrplan 1994/95 in einen InterRegio umgewandelt und erhielt 1996 den Namen „Rennsteig". Ende 1994 waren fast alle D-Züge des Vorlaufbetriebs als IR qualifiziert, ausgenommen hiervon blieb die weiterhin mit internationalem Wagenmaterial bediente Linie 30 Stuttgart – Zürich. Das somit 23 Linien umfassende InterRegio-Netz erstreckte sich über das gesamte Bundesgebiet, im Nordosten reichte es mit einzelnen Zugläufen nun auch bis Warnemünde und Binz.

Die Züge der IR-Linie 20 wurden 1993/94 wegen Bauarbeiten im Abschnitt Paderborn – Soest über Brackwede umgeleitet (IR 2551 in Sennelager, 10.6.1993). ***Foto: M. Werning***

Auch Halberstädter Wagen

Laut dem von der DB AG herausgegebenen Heft „Daten und Fakten 1993/94" besaßen Bundes- und Reichsbahn am 31. Dezember 1993 zusammen 1200 InterRegio-Wagen, davon die DB 861 und die DR 339. Diese Flotte setzte sich durchweg aus Umbaufahrzeugen zusammen. Das Vorhaben, für den Einsatz auf Schnellfahrstrecken 240 druckdichte IR-Wagen neu zu beschaffen, war bereits 1990 aufgegeben worden. Stattdessen erhielten viele der ab 1991 mit zentraler Energieversorgung versehenen Umbauwagen (Aimz^{261}, ARkimbz^{262} und Bimz^{264}) elektropneumatische Bremsen und Notbremsüberbrückung, teilweise außerdem geschlossene WC-Systeme. Den steigenden Wagenbedarf für den IR-Verkehr deckte neben der Weidener PFA und ihren Kooperationspartnern das Reichsbahn-Ausbesserungswerk Halberstadt ab. Durch den ab 1992 serienmäßig erfolgten Umbau der Halberstädter Typen Am, ABom und Bom entstanden die überwiegend noch an die DR gelieferten Wagen der Bauarten Bimz^{259}, Bimz^{256} (mit geschlossenen WCs) und Bimdz^{267} mit Fahrradabteil, deren Inneneinrichtung weitgehend jener der Bim^{263} bzw. Bimz^{264} glich. Auch die Deutsche Bundesbahn ließ Wagen mit Fahrradstellplätzen ausrüsten, wobei für die nunmehrigen Bimdz^{268} ebenso wie für die anderen 2.-Klasse-Wagen meist Bm^{234} als Spenderfahrzeuge dienten.

Zuletzt wurden 1995 im Werk Halberstadt auf Basis ehemaliger DR-Wagen noch 20 InterRegio-Steuerwagen der Bauart Bimdzf$^{269.0}$ gefertigt. Somit umfasste der IR-Wagenpark laut Statistik der DB AG 1348 Fahrzeuge, davon 1014 der früheren DB und 334 der früheren DR. Im Geschäftsbericht für 1995 teilte die DB AG mit, der Ausbau des IR-Netzes sei abgeschlossen. Mit täglich 424 Zügen, die auf 24 Linien 324 Bahnhöfe bedienen, gebe es nun ein nahezu flächendeckendes Verkehrsangebot. Schon 1996 jedoch sickerten aus Bahnkreisen Planungen durch, das InterRegio-Netz abzubauen. ❑

23. Mai 1993: 232 024 mit dem ersten D-Zug Würzburg – Cottbus. Er erhielt keinen IR-Status. ***Foto: Th. Mäuser***

Zwei 119er mit IR 343 (Köln – Berlin) im einstigen Grenzbahnhof Griebnitzsee (10.9.1990). ***Foto: K. Koschinski***

Abschied vom FD

Gerade mal zehn Jahre gab es den im Kursbuch mit dem traditionsreichen Kürzel FD gekennzeichneten FernExpress. Die FD-Züge neuen Zuschnitts verbanden ab 1983 Ballungsräume mit Urlaubsgebieten in Süddeutschland und Österreich, wobei auch zahlreiche Kurswagen umsteigefreie Verbindungen herstellten. In der Regel lief ein Gepäckwagen für Fahrräder und aufgegebenes Reisegepäck mit. Meist gehörte ein Speisewagen zum Service, lange Zeit typisch für den FernExpress war das Quickpick-Restaurant mit Selbstbedienung. Großen Anklang fand das in umgebauten Cafeteria-Wagen eingerichtete „Kinderland"-Spielzimmer im FD „Königssee" sowie von 1988 bis 1991 im FD „Berchtesgadener Land". Im ab 1988 über den Neubaustreckenabschnitt Fulda – Würzburg geleiteten und deshalb aus druckertüchtigten Wagen gebildeten FD „Königssee" liefen mit Spielzimmer ausgestattete Großraumwagen 2. Klasse, die wie von 1988 bis 1991 alle Sitzwagen dieses Zuges entsprechend dem auch für den InterRegio gültigen Farbschema fernblau/lichtgrau lackiert waren.

Die ersten innerdeutschen FernExpress-Züge verknüpften das Rhein-Ruhr-Gebiet mit Konstanz, Oberstdorf und Berchtesgaden (FD „Bodensee", „Allgäu" und „Berchtesgadener Land") sowie Hamburg mit Salzburg bzw. Berchtesgaden („FD Königssee"). Ebenfalls ab 1983 verband der FernExpress „Wörthersee" Dortmund mit Klagenfurt. Nicht recht ins Produktbild passende FD-Züge wie beispielsweise „Mozart" Paris – Wien wurden im Zeitraum bis 1989 in InterCitys oder EuroCitys umgewandelt. Der 1988 zum EC aufgewertete „Wörthersee" blieb durch Kurswagen Hamburg – Klagenfurt und Hamburg – Zell am See mit dem FD „Königssee" verknüpft. Im Übrigen stockte die DB das FernExpress-Angebot noch bis 1989 auf, wobei es sich nicht nur um Langstreckler handelte. Freilich ließen sich die individuellen Fahrlagen immer schwieriger mit dem vertakteten IC- und neuerdings auch IR-Verkehr vereinbaren.

Hier die zwölf FD-Zugpaare im Fahrplanjahr 1990/91:

- „Bodensee" Münster – Konstanz
- „Schwarzwald" Hamburg – Seebrugg
- „Alpenland" Hamburg – Oberstdorf
- „Allgäu" Dortmund – Oberstdorf
- „Königssee" Hamburg – Berchtesgaden
- „Berchtesgadener Land" Dortmund – Berchtesgaden
- „Tegernsee" Dortmund – Tegernsee mit Flügel „Ammersee" Augsburg – Mittenwald
- „Bayerischer Wald" Dortmund – Passau
- „Fehmarn" Köln – Hannover – Puttgarden (nur im Sommer)
- „Harz" Koblenz – Köln – Bad Harzburg
- „Werdenfelser Land" München – Mittenwald bzw. Seefeld in Tirol (Ausflugs-FD an Samstagen zur Überführung einer IC-Garnitur nach/von Mittenwald für den samstags bis Mittenwald verlängerten IC „Ernst Barlach" Hamburg – München)

Hiervon entfielen zum Fahrplanwechsel am 2. Juni 1991 die FD „Allgäu", FD „Tegernsee/Ammersee", FD „Berchtesgadener Land" und FD „Harz". In den Hauptrelationen der FD „Allgäu" und „Berchtesgadener Land" führte die DB gleichnamige IC-Züge ein, den FD „Harz" ersetzte sie durch einen InterRegio.
Als Ersatz für den entfallenen IC „Wetterstein" Hamburg – Mittenwald übernahm der FD „Werdenfelser Land" täglich die Beförderung der nördlich von München im FD „Königssee" eingereihten Kurswagen Hamburg – Mittenwald (an Wochenenden im Winter bis/ab Seefeld in Tirol). 1992/93 lief diese Wagengruppe nördlich von Augsburg im FD „Alpenland", südlich von Augsburg im entsprechend verlagerten FD „Werdenfelser Land".

Die Stammgruppe des FernExpress „Bayerischer Wald" verkehrte 1991/92 zwischen Dortmund und dem bisher mit Kurswagen bedienten Bayerisch Eisenstein. Jedoch wurde der Zuglauf zum Fahrplanwechsel am 31. Mai 1992 auf den Abschnitt Würzburg – Bayerisch Eisenstein gekürzt, was eine Herabstufung zum servicelosen Flügelzug des FD „Königssee" mit Hamburger Kurswagen nach und von Eisenstein sowie Passau/Pfarrkirchen bedeutete. Letztere liefen südlich von Plattling

Der Flügel-FD „Ammersee" von Mittenwald nach Augsburg wird am 16. Juli 1990 bei Klais von einer Lokomotive der Baureihe 111 befördert. ***Foto: A. Ritz***

im neuen Flügel-FD „Rottaler Land", bis und ab Pfarrkirchen am Wochenende. Um wenigstens an Samstagen eine Direktverbindung auch zwischen Dortmund und Zwiesel bzw. Pfarrkirchen aufrechtzuerhalten, richtete die DB 1992 den FernExpress „Rottaler Bäderdreieck" ein. Er übernahm seine Wagen in Nürnberg aus IC 727 und übergab sie dort in der Gegenrichtung an IC 520; zwischen Zwiesel und Plattling diente der FD „Großer Arber" als Zubringer. Diesen Zügen den Status FernExpress zu verleihen, war kühn!

Zum Fahrplanwechsel am 23. Mai 1993 strich die Bundesbahn alle FD-Züge. Der „Königssee" überlebte als InterCity, der „Alpenland" als kurswagenloser Urlaubs-InterRegio. Letzteres Prädikat erhielten auch die IR „Murgtal" Dortmund – Freudenstadt und „Höllental" Emden – Seebrugg, die Teilaufgaben des FD „Bodensee" übernahmen. Kurswagen in IC-Zügen stellten weiterhin an Wochenenden Direktverbindungen zwischen Hamburg und Pfarrkirchen sowie Zwiesel und (ab Plattling in Nahverkehrszügen) auch Bayerisch Eisenstein her. Dabei wertete die DB trotz fehlender Qualitätsmerkmale die FD „Rottaler Land", „Rottaler Bäderdreieck" und „Großer Arber" zu InterCitys auf. Etliche Urlaubsziele waren nun aber nur noch mit Umsteigen erreichbar, zum Beispiel aus dem Rhein-Ruhr-Gebiet Konstanz und von Hamburg aus Seebrugg. Nicht wenige Stammkunden trauerten dem FernExpress nach.

218 317 mit FD 1927 „Rottaler Land" nach Pfarrkirchen bei Bad Höhenstadt (8. Mai 1993). ***Foto: A. Ritz***
UNTEN: Die 143 890 befördert im Juli 1991 bei Gutach den FD 1903 „Bodensee" nach Konstanz. ***Foto: Th. Küstner***

Aufgrund des stark rückläufigen Frachtaufkommens ergab sich bei der Deutschen Reichsbahn ab Mitte 1990 ein großer Lokomotivüberhang. Die Bundesbahn hingegen litt unter Lokmangel, dies teils wegen der Mehrleistungen im Ost-West-Verkehr, außerdem durch die 1988/89 erfolgte Ausmusterung zahlreicher Maschinen der Baureihe 141 und einen hohen Schadbestand bei der Baureihe 120 bedingt. Im Rahmen der Kooperation zwischen den deutschen Staatsbahnen bot es sich an, dem Triebfahrzeugnotstand bei der DB mit überzähligen DR-Lokomotiven abzuhelfen.

Infolge des Rückgangs der Gütertransporte wurden auch viele Elloks der seit 1984 beschafften Baureihe 243 arbeitslos. Andererseits stellte die DR von Anfang 1990 bis Anfang 1991 noch 110 Exemplare in Dienst. So kam es ihr sehr gelegen, dass die DB und die Schweizerische Südostbahn (SOB) Interesse an dieser universell verwendbaren Loktype zeigten. Die SOB erhielt am 1. August 1990 die im Juli 1989 beim Bw Erfurt in Dienst gestellte 243 922; zunächst für 18 Monate angemietet, blieb die Anfang 1992 in 143 922 umgezeichnete Maschine schließlich bis Ende Juni 1995 bei der SOB. Als erste 243 war schon vor der via Bebra und Basel zur Schweizer Privatbahn überführten 243 922 die Berliner 243 590 in den DB-Bereich gelangt, zusammen mit einem rot-weißen Doppelstock-Wendezug der DR gastierte die gerade mal einen Monat alte Lok vom 27. bis zum 29. Mai 1990 auf der in Köln-Gereon veranstalteten Fahrzeugschau anlässlich der Feier zur Eröffnung der Kölner S-Bahn.

Die DB übernahm am 15. September 1990 die im Juli 1989 fabrikneu dem Bw Halle P zugeteilten 243 925 und 926. Schon in Halle hatte man sie durch Austausch der erhabenen Baureihenziffern (und entsprechend der Kontrollziffern) in 143 925 und 926 umgenummert. Die DR führte die an die Bundesbahn vermieteten Lokomotiven fortan buchmäßig beim Bw Erfurt, die DB beheimatete sie beim Bw Mannheim 1. Der Einsatz erfolgte durch das anfangs auch mit der Instandhaltung betraute Bw Offenburg. Im Rahmen der Erprobung beförderte die 143 926 ab 26. September Reisezüge auf der Schwarzwaldbahn Offenburg – Konstanz. Am 5. Oktober trafen die 143 929 und 930

Wartha (Werra): 132 590 bringt am 28. Juli 1991 vier an die DB vermietete 143er von Erfurt nach Bebra. ***Foto: D. Kempf***

WEST-WANDERUNG

BEWÄHRTER DR-ARBEITSTIERE

Ab Mitte 1990 entstand bei der Reichsbahn ein deutlicher Loküberhang, die Bundesbahn hingegen benötigte dringend zusätzliche Elektrolokomotiven. Die DB mietete daher 150 DR-Maschinen der Baureihe 143 an. Später folgten auch noch Sechsachser der Baureihen 155 und 232

Bamberg: 243 893 und 119 060 sind am 18. September 1991 mit einem Kohle-Leerzug in Richtung Lichtenfels unterwegs. ***Foto: H. Dörschel***
UNTEN: 243 893 und 243 826, leihweise Bw Probstzella für den Einsatz bei der BD Nürnberg, mit Güterzug in Kronach (21.9.1991). ***Foto: G. Hoch***

aus Leipzig in Offenburg ein, hinzu kamen am 20. November ebenfalls aus Leipzig die 143 927 und 928. Mittlerweile wurden die 143er planmäßig hauptsächlich vor Eilzügen auf der Schwarzwaldbahn eingesetzt. Probeweise bespannten sie in Doppeltraktion schwere Güterzüge zwischen der Raffinerie in Karlsruhe und den Tanklagern im Stuttgarter Neckarhafen.

Die DB-Personale schätzten an den spöttisch „Trabis" genannten DR-Loks den geräumigen und klimatisierten Führerstand mit bedienfreundlich gestaltetem Führerpult, nach einer Umlernphase auch den vom Handrad-Fahrschalter der DB-Einheitselloks grundverschiedenen Fahrschalter mit automatischer Geschwindigkeitsregelung. Doch der braune Kunststoff des Führerpults roch eben nach Plaste, und der spartanische Sitz ließ sich ungenügend verstellen. Gewöhnungsbedürftig waren die von DB-

Die 143 900 wurde Anfang April 1991 auf der S 8 Mönchengladbach–Hagen getestet (mit 111 144 auf der Rampe nach Hochdahl). ***Foto: E. Pempelforth***
UNTEN: Vorspannlok DR-143 vor DB-140 mit Baustoff-Güterzug von Friesenheim nach Villingen bei Hausach (Februar 1991). ***Foto: F. Engbarth***

Die 143 557 überholt am 19. Oktober 1992 in Hagen-Kabel einen Güterzug, der ebenfalls mit einer Reichsbahn-143 bespannt ist. *Foto: W. Wölke*
UNTEN: Ende 1993 waren in Oberhausen 15 Maschinen der Baureihe 232 stationiert: 232 205 bei Herne-Rottbruch (6.9.1993). *Foto: M. Werning*

Im Übrigen ...

... erhielt das Bw Seelze am 2. August 1991 drei in 112 003 bis 005 umgezeichnete Vorserienloks der DR-Baureihe 212. Weil es im Reichsbahn-Netz noch keine für den praxisnahen Probeeinsatz mit Höchstgeschwindigkeit geeignete Strecke gab, wurde die 160 km/h schnelle 243/143-Version im IC-Verkehr Hannover – Bremen – Oldenburg/Bremerhaven getestet. Im September 1991 gesellte sich die 112 008 zu dem Trio, 1992 kamen weitere 112.0 hinzu. Zum Fahrplanwechsel am 23. Mai 1993 gab das Bw Seelze alle geliehenen 112.0 an die Reichsbahn (Bw Berlin Hbf) zurück.

... waren vom 15. September bis Ende 1991 drei Rangierloks der DR-Baureihe 106 an die DB vermietet. Als 346 516, 721 und 873 leisteten sie Arbeitszugdienst beim Bw Hamburg 4 (Wilhelmsburg).

... rangierte die 106 325 von Mitte September bis Mitte November 1991 während Umbauarbeiten im Bahnhof Interlaken Ost der Berner Alpenbahn-Gesellschaft Bern-Lötschberg-Simplon (BLS).

Die 112 003 der Reichsbahn war am 1. Juni 1992 Zuglok des IC 757 „Oldenburg-City" von Oldenburg nach Hannover. Die Aufnahme entstand in Bremen Hbf. ***Foto: Dr. Timmermann***

Standards abweichende Aufforderungs-Sifa S 86 und Indusi PZ 80, ebenso das nur eingeschränkt mit dem DB-Zugbahnfunk kompatible MESA-Zugfunkgerät. Nicht möglich war im DB-Bereich zunächst der Einsatz der 143er im Wendezugdienst, weil ihre konventionelle DR-Wendezugsteuerung nicht mit jener der DB zusammenpasste und sie auch über keine UIC-konforme digitale (zeitmultiplexe) Wendezugsteuerung verfügten.

Zugkraft und Leistung überzeugten. Sie reichten aus, um auf der Schwarzwaldbahn die Baureihe 139 zu ersetzen. Ab Mitte Januar 1991 gelangten die 243/143 in großer Zahl zur DB. Einschließlich der sechs schon übernommenen Exemplare erhielt die Bundesbahn bis Ende September 1991 insgesamt 150 Maschinen. Der Mietpreis pro Lok betrug je Tag 1000 DM, später 800 DM. Außer dem Bw Mannheim 1 wurden die 143er dem Bw Dortmund 1 (Bbf) zugeteilt, zwecks Erprobung und Personalschulung zuerst die am 3. Januar 1991 aus Mannheim umbeheimatete 143 928. Die folgenden Loks bekam das Bw Dortmund 1 direkt von der DR. Anfang Juni 1991 verfügte es bereits über rund 50 Lokomotiven der Baureihe 143, die vor allem Güterzüge im Rhein-Ruhr-Gebiet beförderten, speziell auch Ganzzüge des Programmverkehrs im „Kohlenpott". Dabei setzten die 143er viele Maschinen der Baureihe 140 frei, was deren Umstationierung unter anderem nach Frankfurt (Main), Hamburg und Seelze ermöglichte. Wendezugfähige 140er wechselten für den Einsatz im S-Bahn-Vorlaufbetrieb auf der Siegstrecke zum Bw Köln 2 (Deutzerfeld).

Das Bw Mannheim 1 konnte nach Aufstockung seines 143er-Bestands auf fast 30 Maschinen zum Fahrplanwechsel am 2. Juni 1991 alle 18 Loks der Baureihe 139 ohne Wendezugsteuerung zum Bw München 1 (Hbf) abgeben, wo man für den Einsatz auf der Route München – Brenner dringend Güterzuglokomotiven mit elektrischer Bremse benötigte (dies auch, um im RoLa-Verkehr zwischen Ingolstadt und Brenner eingesetzte 110er für den Schnellzugdienst frei zu bekommen). Die Mannheimer 143 liefen weiterhin hauptsächlich im Reisezugdienst auf der Schwarzwaldbahn, außerdem nun vermehrt auf der Rheintalbahn Mannheim – Basel.

Ende September 1991 beheimatete das Bw Mannheim 1 wie vorgesehen 32 Loks der Baureihe 143, für die es nun einen 27-tä-

Ab Herbst 1992 mietete die DB Loks der Baureihe 155 an und stationierte sie in Nürnberg. 155 267 schiebt am 20. März 1993 bei Probstzella einen Güterzug nach. *Foto: Dr. Rampp*

gigen Laufplan aufstellte. Das Bw Dortmund 1 besaß jetzt ebenfalls wie vorgesehen 118 Maschinen. Der ab 29. September 1991 gültige Dortmunder Laufplan umfasste 82 Tage! Das Einsatzgebiet erstreckte sich weit über das Ruhrgebiet hinaus bis Aachen, Venlo, Emmerich, Bremen, Hamburg, Maschen, Seelze, Hannover und Gießen. Neben Güterzügen waren auch Reisezüge zu befördern, insbesondere auf den Strecken Essen – Hagen und Hagen – Siegen – Gießen.

Ertüchtigt für den S-Bahn-Dienst

Um bei der S-Bahn Rhein-Ruhr eingesetzte 111er für den InterRegio-Verkehr frei zu bekommen, erwog die DB schon 1991 deren Ablösung durch Loks der Baureihe 143. Probeweise bespannte die 143 900 vom 27. März bis 6. April 1991 Wendezüge auf der Linie S 8 Hagen – Mönchengladbach. Mangels zeitmultiplexer Wendezugsteuerung (ZWS) konnte sie nur bei Vorausfahrt die Traktion übernehmen, für den Betrieb vom Steuerwagen aus verblieb (an die 143 gekuppelt) die planmäßige 111 an der Garnitur. Die Auswertung des Versuchs dürfte kaum überrascht haben: Die für 120 km/h ausgelegte 143 eignet sich besser für mit dieser Höchstgeschwindigkeit verkehrende und häufig haltende S-Bahn-Züge als die für den Schnellzugdienst mit bis zu 160 km/h entwickelte 111.

Anfang 1992 entschloss sich die DB zum Einsatz von Lokomotiven der Baureihe 143 bei der S-Bahn Rhein-Ruhr und (zur Ablösung der 141er) auch bei der S-Bahn Nürnberg. Hierfür rüstete die AEG in Hennigsdorf zunächst zwölf noch in DR-Bahnbetriebswerken beheimatete 143er mit der ZWS sowie S-Bahn-spezifischen Zusatzfunktionen aus. Außerdem wurden die Indusi I 60 R sowie das für den Zugbahnfunk der DB und den Zugfunk der DR gleichermaßen geeignete Gerät „MESA 2002“ installiert. Am 1. Mai 1992 erhielt das Bw Düsseldorf 1 zur Erprobung im S-Bahn-Verkehr für einige Wochen die Berliner 143 656. Von Juli bis Oktober 1992 kamen jeweils sechs umgebaute Loks zu den Bw Düsseldorf 1 und Nürnberg 1 (Hbf), darunter die ab Mitte August bei der S-Bahn Nürnberg eingesetzte 143 656. Dafür gab das Bw Dortmund 1 zwölf Maschinen an die DR zurück. Bis auf die rot gebliebenen 143 652 und 143 656 wurden die S-Bahn-Loks orange/kieselgrau lackiert, dabei auf der orangefarbenen „Bauchbinde“ allseitig mit dem DR-Emblem versehen.

Ab Frühjahr 1993 baute die AEG schon von der DB angemietete 143er der Bw Dortmund 1 und Mannheim 1 für den Einsatz bei den S-Bahnen Rhein-Ruhr und Nürnberg um. Bis Ende 1993 wuchs der 143-Bestand des Bw Düsseldorf 1 auf 22 Maschinen an, beim Bw Nürnberg 1 erhöhte er sich auf zehn. In Dortmund waren nun 86 und in Mannheim 22 Lokomotiven der Baureihe 143 stationiert, insgesamt im Bundesbahnbereich somit unverändert 150 Exemplare. Einschließlich noch folgender 143er für die S-Bahn Rhein-Ruhr baute die AEG in Hennigsdorf 45 Loks um. In weit größerer Zahl rüstete dann das DB-Werk Dessau Maschinen der Baureihe 143 mit der ZWS und diversen Zusatzfunktionen für den S-Bahn- und Regionalverkehr aus.

Auch DR-Kraftpakete zur DB

Eine Episode war der Einsatz von sechs ab 28. März 1991 leihweise dem Bw Probstzella zugeteilten 243ern auf den Strecken Probstzella – Bamberg – Nürnberg und Bamberg – Würzburg. Meist in Doppeltraktion beförderten sie Bedarfsgüterzüge. Ende September 1991 wurden die Loks von wesentlich stärkeren Sechsachsern der Baureihe 250 abgelöst. Die DB mietete zunächst acht bei ihr nun schon als Baureihe 155 geführte Lokomotiven an und wies sie dem Bw Nürnberg 2 (Rbf) zu. Die Reichsbahn hielt in einer Art Pool ca. 30 bis 35 Maschinen bereit, auf den die DB bedarfsweise zurückgreifen konnte. Ende 1992 verfügte das Bw Nürnberg 2 über 31 Loks aus diesem „Pool“ und setzte sie weiträumig ein, u.a. bis Probstzella, Sonneberg, Passau, Ingolstadt, München Nord, Augsburg, Crailsheim, Würzburg und Hanau. Am 31. Dezember 1993 waren 24 Loks der Baureihe 155 in Nürnberg stationiert. Erwähnt sei noch, dass die 250 252 bzw. 155 252 seit September 1990 an die Schweizerische Südostbahn vermietet war. Dort blieb sie wohl bis 1995.

Vor allem für die Beförderung schwerer Kohle-, Erz- und Stahl-Ganzzüge im Ruhrgebiet mietete die Bundesbahn schließlich Co'Co'-Diesellokomotiven der Baureihe 232 an. Zuerst traf im März 1993 die 232 663 im Bw Oberhausen ein. Sie kehrte zwar bald zur Reichsbahn zurück, dafür kamen 15 andere 232er bis Ende 1993 zum Bw Oberhausen, womit die vereinbarte Stückzahl erreicht war. Die starken „Ludmillas“ schafften solo, was bisher im Programmverkehr oft mit 215- und 216-Doppeltraktion bewältigt werden musste. ❑

Neues Outfit für den S-Bahn-Einsatz: 143 632 in Nürnberg. *Foto: H. Dörschel*

PENDOLINOS
IN FRANKEN

Die 160 km/h schnellen Neigetechnik-Dieseltriebwagen der neuen Baureihe 610 gingen zum Sommerfahrplan 1992 in Betrieb. Für die Relation Nürnberg–Bayreuth benötigten sie nur noch 57 Minuten, eine Fahrzeitersparnis von rund 25 %

Sicher auch motiviert, weil er in Selb bei Hof wohnte, gab der damalige Bundesverkehrsminister Dr. Jürgen Warnke 1987 eine Studie über Möglichkeiten zur Attraktivitätssteigerung des Schienenverkehrs in Nordostbayern in Auftrag. Mit Blick auf die Anbindung an den IC-Knoten Nürnberg wurde der Korridor Hof/Bayreuth–Nürnberg detailliert untersucht.

Die Bundesbahndirektion Nürnberg verglich sieben Varianten mit und ohne Streckenausbau, davon drei mit Elektrifizierung. Zwei Varianten sahen den Streckenausbau und Einsatz von Dieseltriebzügen der Baureihe 628.2/928.2 oder doppelt motorisierter 628/628-Einheiten vor. Als unter Beachtung der Wirtschaftlichkeit wirksamste Lösung kristallisierte sich der Einsatz von 628/628-Einheiten auf verbesserten Trassen heraus. Die BD Nürnberg konnte die „bogenschnelles Fahren" ermöglichende Neigetechnik in ihrer Studie noch nicht berücksichtigen, wies aber auf diesen innovativen Ansatz hin.

1987 hatte Fiat-Ferroviaria mit dem an der Mosel und im Altmühltal vorgeführten ETR 401 die Eignung der Pendolino-Technik für Bundesbahnverhältnisse bewiesen. Im April 1988 auf der Strecke Hof–Nürnberg (im Dieselschlepp) absolvierte Demonstrationsfahrten brachten den Durchbruch. Sie überzeugten den Bundesverkehrsminister, den Freistaat Bayern und den DB-Vorstand, dass der Einsatz von Dieseltriebwagen mit gleisbogenabhängiger Wagenkastensteuerung (GSt) und 160 km/h Höchstgeschwindigkeit die beste Lösung für die oberfränkischen Mittelgebirgsstrecken wäre; dabei könnte man auf den Streckenausbau weitgehend verzichten. Ein Finanzierungsbeitrag Bayerns sicherte das Projekt „RegionalSchnellBahn Ostbayern" ab.

Die Infrastrukturmaßnahmen umfassten im Wesentlichen die Verlegung von Bogenweichen in die Gerade, die Veränderung einiger Übergangsbögen und die Installation des Punktförmigen Datenübertragungssystems (PDS) zur Geschwindigkeitsüberwachung. Pro Kilometer wurden rund 100 000 DM investiert.

Im November 1988 gab die DB zehn Doppeltriebwagen der Baureihe 610 in Auftrag, zehn weitere Anfang 1990. Die mit Bundesmitteln aus dem „Wackersdorf-Fonds" finanzierten zusätzlichen Züge sollten es ermöglichen, den RegionalSchnellBahn-Verkehr auf die Relationen von Nürnberg nach Weiden und Furth im Wald auszuweiten.

Beim für die 610er gewählten Pendolino-System stellen in Abhängigkeit von der Seitenbeschleunigung elektronisch gesteuerte Hydraulikzylinder die Neigung der Wagenkästen um maximal acht Grad ein. Bei der Traktionsausrüstung rückte die DB erstmals von der dieselhydraulischen zugunsten der dieselelektrischen Kraftübertragung ab. Zwei je 485 kW (660 PS) leistende Dieselmotoren sorgten für spurtstarke Beschleunigung und hohes Tempo auch in Steigungen.

Erfolgreich und bewährt

Der erste Triebzug wurde am 21. Oktober 1991 in Betrieb gesetzt. Nach nur kurzer Erprobungszeit nahmen acht 610-Einheiten am 31. Mai 1992 auf den RSB-Linien Nürnberg–Bayreuth (stündlich) und Nürnberg–Hof (Zweistundentakt) den Plandienst auf, dabei zwischen Nürnberg und Pegnitz vereinigt. Die Reisezeiten verkürzten sich gegenüber denen im Fahrplan 1991/92 deutlich, in der Relation Nürnberg–Bayreuth (93 km) um 16 bis 26 Minuten auf

Warnung vor schnellen Zügen in Wunsiedel-Holenbrunn (1993). ***Foto: J. Seyferth***

Vorführung der Neigetechnik (Pegnitz, 30. März 1992). ***Foto: G. Hoch***
UNTEN: Der 610 015 legt sich als RSB Schwandorf–Nürnberg bei Etzelwang in die Kurve (1993). ***Foto: D. Kempf***

generell 57 Minuten und in der Relation Nürnberg–Hof (167 km) trotz zweier zusätzlicher Systemhalte um 13 bis 25 Minuten auf generell 100 Minuten. Für die Fahrt in der Gegenrichtung nach Nürnberg benötigten die RSB-Züge zwei bzw. drei Minuten mehr.

Am 23. Mai 1993 kamen die RSB-Linien Nürnberg–Weiden und Nürnberg–Schwandorf mit Durchläufen bis Furth im Wald hinzu, in Neukirchen (bei Sulzbach-Rosenberg) wurde jeder zweite Zuglauf geflügelt bzw. wieder vereint. Die flotten und komfortablen „Pendolinos" erlangten rasch große Beliebtheit, bereits innerhalb der ersten fünf Monate nach Betriebsaufnahme stiegen die Fahrgastzahlen in der Relation Nürnberg–Bayreuth um 22 Prozent.

Während die mit einem neuen elektrischen Neigesystem ausgerüsteten 611er sich ab 1996 als „Pannolinos" blamierten, galten die 610er als Musterbeispiel funktionierender Neigetechnik – bis sich im Sommer 2000 Schweißnahtrisse an den Angriffspunkten nachträglich eingebauter Schlingerdämpfer zeigten. Nach einem Achsbruch wurden alle Triebzüge im November 2000 vorübergehend abgestellt, doch das ist hier nicht mehr zu erläutern. Im Dezember 2014 schieden die letzten 610er aus dem Plandienst. ❑

Lengenfeld unterm Stein im Mai 1992: Zwischen Küllstedt und Geismar wurde der Personenverkehr am 31.12.1992 eingestellt. *Foto: M. Werning*

MODERATER

SCHRUMPFPROZESS

In den Jahren 1990 bis 1993 endete auf zahlreichen Nebenbahnen der DB mangels Nachfrage die Bedienung im Güterverkehr. Auf 18 Strecken stellte die Bundesbahn den Reisezugverkehr auf Busbedienung um. Die Deutsche Reichsbahn hingegen hielt sich mit Streckenstilllegungen sehr zurück

Der jahrzehntelange „Rückzug aus der Fläche“, womit vor allem die Einstellung des Reisezugverkehrs gemeint war, verlangsamte sich bei der Bundesbahn 1990 deutlich. Lässt man durch neue Trassen ersetzte Streckenabschnitte wie Illingen – Vaihingen (Enz) Nord – Sersheim (wegen der Neubaustrecke Mannheim – Stuttgart) außer Acht, so büßten im Jahr 1990 nur rund 34 km den Personenverkehr ein (siehe Tabelle auf Seite 76). Reine Formsache war die Stilllegung der bereits seit Juli 1988 nicht mehr befahrenen S-Bahn-Strecke zum Münchner Olympiastadion.

1991 stellte die DB zwar wieder in größerem Umfang den Reisezugverkehr ein, nämlich auf 175 Kilometern. Aber 1992 fuhr im DB-Bereich nur auf 42 Kilometern letztmals ein planmäßiger Reisezug und 1993 bloß noch auf 23 km, nicht mitgezählt die vorübergehend gesperrte Strecke Betzdorf (Sieg) – Daaden, denn hier nahm schon 1995 die Westerwaldbahn den Personenverkehr wieder auf. Auf einigen 1992/93 von der DB aufgegebenen Strecken führten „Privatbahnen“ den Güter- und Personenverkehr fort.

Am 28. September 1992 übernahmen die Eisenbahnen und Verkehrsbetriebe Elbe-Weser (EVB) mehrere Strecken im „Nassen Dreieck“ zwischen Bremen, Bremerhaven und Hamburg, darunter als einzige mit Personenverkehr die 67 km lange Strecke Bremerhaven-Wulsdorf – Bremervörde – Hesedorf – Stade. Zunächst setzten die EVB hier von der DB abgegebene Schienenbus-Einheiten der Baureihe 796/996 ein. Anfang April 1993 lösten neue Triebzüge entsprechend der DB-Baureihe 628.4/928.4 die Schienenbusse ab. Mit diesen Fahrzeugen boten die EVB ab 26. September 1993 Regionalbahn-Züge zwischen Bremerhaven Hbf und Hamburg-Neugraben an, dies auf dem Weg über Harsefeld und Buxtehude (von dort weiter auf DB-Gleisen). Mit Einrichtung der neuen RB-Linie endete der Personenverkehr auf dem Teilstück Hesedorf – Stade. Dafür wurde er im Abschnitt Hesedorf – Harsefeld der einst bis Buchholz führenden Strecke Hesedorf – Hollenstedt (Nordheide) wieder aufgenommen, regulär auch auf der bisher nur noch von Museumszügen befahrenen Buxtehude-Harsefelder Eisenbahn.

Der Personenverkehr zwischen Oschersleben und Gunsleben endete am 30. Mai 1992. Am 21. Mai 1992 ist 346 464 mit N 18492 in Gunsleben eingetroffen. ***Foto: O. Sydow***

In Gunsleben verdient das liebevoll gestaltete Tor am Zugang zum Bahnsteig besondere Beachtung (August 1991). ***Foto: F. Engbarth***

171 008 und 171 808 stehen am 24. Juni 1990 als P 17345 nach Salzwedel am kurzen Bahnsteig in Diesdorf (Altmark). Knapp drei Jahre später, am 22. Mai 1993, wurde der Personenverkehr auf dem 13,9 km langen Abschnitt Dähre–Diesdorf (Altmark) aufgegeben. ***Foto: U. Wehmeyer***

Die Dürener Kreisbahn (DKB) übernahm am 23. Mai 1993 die Strecken Jülich – Düren und Düren – Heimbach (Eifel), der Verkehrsverbund Hochtaunus (VHT) am 26. September 1993 die schon seit 28. September 1992 im Auftrag der DB bediente Strecke Friedrichsdorf (Taunus) – Grävenwiesbach. Dabei verbesserten die neuen Betreiber jeweils das Angebot im Personenverkehr, der Güterverkehr blieb erhalten.

Außerdem übernahmen Nichtbundeseigene Eisenbahnen im Auftrag der DB oder regionaler Gebietskörperschaften Fahrten auf weiterhin zum DB-Netz gehörenden Strecken. Den gesamten Personenverkehr übernahmen im Auftrag der DB: die Regental Bahnbetriebs GmbH (RBG) am 31. Mai 1992 auf der Strecke Cham – Waldmünchen sowie am 24. Mai 1993 auf den Strecken Zwiesel – Bodenmais und Zwiesel – Grafenau, die Eisenbahn-AG Altona-Kalten-

Die Dürener Kreisbahn übernahm am 23. Mai 1993 die DB-Strecke nach Heimbach (Eifel). VS 252 und VT 202 waren an diesem Tag im Einsatz (bei Hausen). ***Foto: M. Werning***

Mettmann–Wuppertal-Wichlinghausen: Am 27. September 1991 hieß es Abschied nehmen.

Mayen West–Gerolstein: Am 11. Januar 1991 war Schluss (Kaisersesch). *Foto: F. Engbarth*

Den Reisezugverkehr nach Markt Wald stellte die DB am 31. Mai 1991 ein. *Foto: A. Ritz*

Der letzte Reisezug von Opladen nach Hilgen (Foto) fuhr am 31. Mai 1991. *Foto: M. Werning*

Einstellung des Personenverkehrs

auf DB-Strecken

KBS	Strecke	Länge	Datum
1990			
241	Derneburg (Harz) – Seesen	31,8 km	25.05.1990
388	Herne – Herne-Rottbruch	2,4 km	25.05.1990
	München-Moosach – München Olympiastadion	3 km	31.07.1990 [1)]
1991			
602	Mayen West – Gerolstein	68,2 km	11.01.1991
411	Hilgen – Opladen	13,4 km	31.05.1991
686	Homburg (Saar) Hbf – Bierbach – Reinheim (Saar)	26,6 km	31.05.1991
907	Gessertshausen – Markt Wald	27,0 km	31.05.1991
163	Cordingen – Walsrode	4,4 km	01.06.1991
477	Kleve – Kranenburg – Grenze NL(– Nijmegen)	13,0 km	01.06.1991
401	Mettmann – Wuppertal-Wichlinghausen	18,8 km	27.09.1991
401	Wuppertal-Vohwinkel – Wuppertal-Varresbeck	3,8 km	27.09.1991
1992			
634 *	Völklingen – Überherrn	14,0 km	29.05.1992
858 *	Neustadt (Waldnaab) – Floß	9,9 km	29.05.1992
(895)	Nürnberg-Dutzendteich – Nürnberg Rbf Ausfahrt	8,7 km	30.05.1992 [2)]
862	Weidenberg – Warmensteinach	9,0 km	31.12.1992 [3)]
1993			
125	Bremerhaven-Speckenbüttel – Bremerhaven Columbusbahnhof	7,0 km	07.04.1993 [4)]
851	Kulmbach – Thurnau	15,9 km	03.09.1993
463	Betzdorf (Sieg) – Daaden	9,7 km	02.10.1993 [5)]

auf DR-Strecken (dauerhaft)

KBS	Strecke	Länge	Datum
1990			
509	Langenleuba-Oberhain – Penig	6,7 km	26.05.1990
419	Wüstenbrand – Neuoelsnitz	13,0 km	12.08.1990
1991			
761	Kalbe (Milde) – Beetzendorf (Sachsen-Anhalt)	27,1 km	10.03.1991
–	Raitzhain – Drosen	ca. 8 km	28.09.1991 [6)]
–	Raitzhain – Schmirchau Pbf	ca. 3 km	28.09.1991 [6)]
1992			
318	Oschersleben (Bode) – Gunsleben	14,3 km	30.05.1992 [3)]
605	Gerstungen – Abzweig Förtha	12,5 km	26.09.1992 [7)]
603	Küllstedt – Geismar	16,7 km	31.12.1992 [3)]
1993			
534	Böhlen (bei Leipzig) – Espenhain Werksbahnsteig	7,0 km	21.05.1993
232	Görlitz – Königshain-Hochstein	12,8 km	22.05.1993 [3)]
302	Dähre – Diesdorf (Altmark)	13,9 km	22.05.1993 [3)]
267	Schönhausen (Elbe) – Sandau (Elbe)	24,2 km	01.08.1993 [8)]
266	Rathenow – Rathenow Nord	3,3 km	25.09.1993 [9)]
–	(Rostock–)Bentwisch – Poppendorf	7,0 km	31.12.1993 [10)]

ANMERKUNGEN

Genannt ist in der Regel der Verkehrstag des letzten planmäßigen Reisezugs. Nicht aufgeführt ist die Einstellung des Reisezugverkehrs auf kurzen Streckenabschnitten, die durch Neubaustrecken ersetzt worden sind. Ebenfalls nicht genannt sind befristete Streckensperrungen aufgrund von Baumaßnahmen sowie nur vorübergehend auf Busbedienung (Schienenersatzverkehr) umgestellte Reichsbahnstrecken, auf denen noch die DR den Reisezugbetrieb wieder aufnahm.

* zuletzt im Jahresfahrplan 1991/92 gültige Kursbuchstreckennummer

1) offizielle Einstellung, aus technischen Gründen bereits seit 8.7.1988

2) zur öffentlichen Nutzung zugelassener Dienstpersonenverkehr, seit Herbst 1987 nicht mehr im Kursbuch

3) Streckensperrung aus technischen Gründen (de facto Stilllegung)

4) Ende des planmäßigen Personenverkehrs infolge Verlegung der Schiffsabfahrt zur Seebäderkaje

5) Streckensperrung aus technischen Gründen, nach Sanierung Personenverkehr 1995 durch Westerwaldbahn GmbH wieder aufgenommen

6) nichtöffentlicher Werkspersonenverkehr der DR auf der Wismut-Anschlussbahn

7) Ende des planmäßigen Betriebs wegen Verlagerung des Verkehrs auf die Werratalstrecke über Wartha

8) Sperrung wegen Bau der Schnellfahrstrecke Berlin – Oebisfelde, Verkehr nicht wieder aufgenommen, Strecke offiziell am 20.12.1997 stillgelegt

9) Teilstück der Strecke Rathenow – Neustadt (Dosse), Sperrung wegen Bau der SFS Berlin – Oebisfelde, Verkehr 1998 wieder aufgenommen, nach am 30.11.2003 erfolgter Einstellung des Betriebs im Abschnitts Rathenow Nord – Neustadt (Dosse) am 14.12.2005 auch Abschnitt Rathenow – Rathenow Nord de facto stillgelegt

10) nichtöffentlicher Werkspersonenverkehr

Der 614 064 passiert am 22. Mai 1990 den Posten 55 in Bockenem (Strecke Derneburg–Seesen). Drei Tage später fuhr hier der letzte Reisezug. Der Posten 55 war nicht beheizt, der Schrankenwärter hielt sich in Zugpausen oft beim Fahrdienstleiter im Bahnhof auf. ***Fotos: R. Händeler (2)***

Schienenbusse der Baureihe 798 fuhren bis 29. Mai 1992 zwischen Neustadt (Waldnaab) und Floß, Straßenomnibusse traten ihre Nachfolge an (bei Neustadt/Waldnaab, 7. September 1989). ***Foto: F. Engbarth***

Die Strecke Fulda–Hilders (Rhön) wurde zum Jahresende 1992 aus technischen Gründen gesperrt. Die 216 099 bringt 1986 Schotter aus Seiferts nach Fulda. *Foto: A. Ritz*

Mit dem N 5561 aus Neustadt (Dosse) steht die 202 411 im April 1993 in Rathenow am Bahnsteig der Brandenburgischen Städtebahn. Der Abschnitt Rathenow Nord–Rathenow wurde im September 1993 wegen des Baus der SFS Berlin–Oebisfelde vorübergehend stillgelegt. *Foto: K. Koschinski*

Auch der 24 km langen Nebenbahn Schönhausen (Elbe)–Sandau (Elbe) wurde der Bau der Schnellfahrstrecke Berlin–Oebisfelde zum Verhängnis. Der Verkehr wurde am 1. August 1993 eingestellt und nie wieder aufgenommen. 172 601 in Sandau, Mai 1991. *Foto: U. Wehmeyer*

Einstellung des Güterverkehrs

auf DB-Strecken (in Auswahl)

Strecke	Länge	Datum
1990		
Herbede – Wengern Ost	8 km	31.01.1990
Kleve – Xanten	26,2 km	28.02.1990
Schiltach – Schramberg	8,8 km	06.04.1990 [1]
Schönaicher First Anst. Schill – Dettenhausen	12,6 km	28.04.1990 [2]
Wetzlar – Abendstern	10,1 km	29.09.1990
Bad Schwalbach – Hohenstein (Nassau)	6,6 km	31.12.1990
Rothenburg (ob der Tauber) – Gebsattel	5,6 km	31.12.1990
1991		
Mainzlar Anst. Didier-Werke – Londorf	10,4 km	30.03.1991
Röthenbach (Allgäu) – Weiler (Allgäu)	5,8 km	30.04.1991
Waldenburg (Württemberg) – Forchtenberg	23,7 km	15.05.1991 [2]
Mussum – Bocholt	4,6 km	01.06.1991
Bocholt – Rhedebrügge	12,3 km	01.06.1991
Opladen – Hilgen	13,4 km	01.06.1991
Niedereisenhausen – Breidenbach (Kreis Biedenkopf)	6,1 km	01.06.1991
Krefeld-Uerdingen – Rheinhausen	6,1 km	31.07.1991 [2]
Aschaffenburg-Nilkheim – Großostheim	4,6 km	28.09.1991
Seligenstadt (bei Würzburg) – Volkach (Main)	10,6 km	30.09.1991 [2]
Neumarkt (Oberpfalz) – Greißelbach	7,5 km	31.10.1991
Dransfeld – Oberscheden	8,2 km	02.11.1991
Dornap-Hahnenfurth – Wuppertal-Varresbeck	5,0 km	30.11.1991
Thann-Matzbach – Isen	6,5 km	30.11.1991
Harvesse – Uetze (Han)	18,8 km	31.12.1991
Walburg – Eschwege West	23,3 km	31.12.1991
Hünfeld – Eiterfeld	14,6 km	31.12.1991
1992		
Übersee – Marquartstein	8,0 km	31.03.1992
Wuppertal-Wichlinghausen – Schee – Hiddinghausen	13,3 km	31.05.1992
Ochsenfurt – Bieberehren – Röttingen (Unterfranken)	28,3 km	31.05.1992
Bieberehren – Creglingen	6,0 km	31.05.1992
Ebersdorf (bei Coburg) – Hof-Steinach	17,8 km	31.05.1992
Winterberg (Westfalen) – Hallenberg	14,7 km	01.07.1992
Korbach – Frankenberg (Eder)	31,1 km	31.12.1992
Lohr Stadt Anst. Hohlglaswerke – Lengfurt-Trennfeld	24,9 km	31.12.1992
Rheindürkheim – Guntersblum	16,1 km	31.12.1992 [3]
Alzey Anst. Thimm – Selzen-Hahnheim	16,4 km	31.12.1992 [3]
Götzenhof – Hilders (Rhön)	27,0 km	31.12.1992 [2]
Hilders (Rhön) – Seiferts	5,0 km	31.12.1992 [2]
Lauffen (Neckar) – Leonbronn	20,2 km	31.12.1992 [4]
1993		
Celle – Müden-Dieckhorst	24,0 km	22.05.1993
Wunsiedel-Holenbrunn – Selb Stadt	22,8 km	22.05.1993 [2]
Vohenstrauß – Eslarn	24,6 km	22.05.1993
Dollnstein – Rennertshofen	21,0 km	31.05.1993 [5]
Dorfen Bahnhof – Velden	20,5 km	01.07.1993 [2]
Röthenbach (Allgäu) – Lindenberg (Allgäu)	6,5 km	31.07.1993
Melkendorf – Thurnau	12,6 km	04.09.1993
Neustadt (Aisch) Bahnhof – Demantsfürth-Uhlfeld	15,4 km	23.09.1993 [6]
Bremerhaven-Speckenbüttel – Bederkesa	17,6 km	31.12.1993
Abelitz – Aurich	13,2 km	31.12.1993
Lebach – Etzenhofen	12,5 km	31.12.1993
Falls – Gefrees	5,3 km	31.12.1993
Kirchenlamitz Ost – Weißenstadt	12,1 km	31.12.1993

ANMERKUNGEN

Das genannte Datum entspricht meistens der faktischen Stilllegung. Auf etlichen Strecken ruhte ganz oder abschnittsweise schon vor dem Stilllegungsdatum der Verkehr; die offizielle Stilllegung folgte teils später.

[1]) Strecke nach Erdrutsch gesperrt, endgültig stillgelegt 31.10.1991

[2]) Streckensperrung aus technischen Gründen

[3]) Streckensperrung zur Vermeidung anstehender Investitionen

[4]) Sperrung für Sonderreisezüge, bereits 1991 letztmals Güterverkehr (Zuckerrüben), offiziell stillgelegt 1.7.1995

[5]) Museumszugverkehr noch bis Ende 1993

[6]) letzte Fahrt, Streckenabbau schon vor offizieller Stilllegung zum 31.12.1993

Tabellen zusammengestellt nach Angaben im jeweiligen „Jahrbuch Schienenverkehr" (Nr. 10 Verlag Dr. Bernhard Abend, Stuttgart; Nr. 11 und 12 Verlag Schweers und Wall, Aachen; Nr. 13 Verlag Kenning, Nordhorn)

auf DR-Strecken

Die Reichsbahn stellte ab 1990 auf zahlreichen Strecken den Güterverkehr ein, betrieb den Personenverkehr jedoch weiter. Genannt sind hier in Auswahl nur Strecken, auf denen mit Einstellung des (planmäßigen) Güterverkehrs zumindest der reguläre Betrieb endete.

Strecke	Länge	Datum
1991		
Industriebahn Halle (Saale) [Schmalspur 1000 mm]	1,2 km	06.07.1991
Wilischthal – Anst. Papierfabrik [Schmalspur 750 mm]	1,3 km	13.09.1991 [1]
1993		
Finsterwalde Anst. Drahtwerk – Annahütte	14,0 km	22.05.1993
Dolgelin – Seelow (Mark) Stadt	4,9 km	31.12.1993
Kalbe (Milde) – Beetzendorf	27,1 km	31.12.1993
Bad Bibra – Lossa (Finne)	11,9 km	31.12.1993 [2]
Schönheide Süd – Schönheide Ost	5,4 km	31.12.1993
Freital-Birkigt – Dresden-Gittersee	5,2 km	31.12.1993

ANMERKUNGEN

[1]) Datumsangabe laut dem von Helmut Roggenkamp herausgegebenen Jahrbuch Schienenverkehr Nr. 11; sporadisch noch bis 1992 bedient

[2]) Streckensperrung aus technischen Gründen

Holzgerlingen an der Schönbuchbahn: Der Güterverkehr nach Dettenhausen endete im April 1990. ***Foto (1990): K. Koschinski***

212 294 setzt im Oktober 1990 in Röttingen (Unterfr) um. Im Mai 1992 wurde der Güterverkehr eingestellt. ***Foto: F. Engbarth***

Jöhlingen: Der elektrische Betrieb zwischen Grötzingen und Gölshausen wurde am 14. Juli 1992 aufgenommen. *Foto: Th. Küstner*
UNTEN: Im Mai 1992 werden an der Nebenbahn nach Rohrdorf Fundamente für die Fahrleitungsmasten erstellt. *Foto: A. Ritz*

Elektrifizierung

Das elektrifizierte Streckennetz der Bundesbahn wuchs im Zeitraum 1990 bis 1993 hauptsächlich um Neubaustrecken, vor allem die 1990/91 fertiggestellten Abschnitte der NBS Hannover–Fulda und Mannheim–Stuttgart (zusammen 274 km). Insgesamt rund 75 km Neubaustrecken wurden für die S-Bahnen Rhein-Ruhr, Köln (Rhein-Sieg), Frankfurt/Main, München, Nürnberg und Stuttgart in Betrieb genommen, selbstverständlich von vornherein elektrifiziert. Anders als die DB stellte die Reichsbahn noch viele bestehende Strecken auf elektrischen Zugbetrieb um. Die Tabelle beschränkt sich auf das „Altnetz“ der DB und DR, wobei Verbindungskurven und etliche kurze Abschnitte weggelassen sind. Genannt ist jeweils das Inbetriebnahmedatum.

Auf elektrischen Betrieb umgestellt:

• Deutsche Bundesbahn		
Oldenburg Hbf–Leer (Ostfriesland)	55 km	22.05.1992
Grötzingen–Bretten–Gölshausen*)	21 km	14.07.1992
*) für Zweisystem-Stadtbahn Karlsruhe		
Landl (bei Rosenheim)–Rohrdorf (Oberbayern)	8 km	02.11.1992
Helmstedt–Verwaltungsgrenze DR	3 km	22.05.1993
• Deutsche Reichsbahn		
Cottbus–Senftenberg	36 km	25.05.1990
Berlin Frankfurter Allee–Rbf Berlin-Pankow*)	9 km	16.09.1990
*) Fernbahngleise des östlichen Berliner Innenrings		
Berlin-Köpenick–Fürstenwalde (Spree)	34 km	30.09.1990
Fürstenwalde (Spree)–Frankfurt (O)–Eisenhüttenstadt	58 km	15.12.1990
Eisenhüttenstadt–Guben–Cottbus	64 km	15.12.1990
Frankfurt (Oder)-Rosengarten–Ffo Rbf–Ffo Pbf	9 km	18.12.1990
Frankfurt (O) Pbf–Oderbrücke Systemgrenze DR/PKP	3 km	23.12.1990
Riesa–Döbeln Hbf	25 km	31.05.1991
(Halle–)Angersdorf–Lutherstadt Eisleben	28 km	01.06.1991
(Rostock–)Bentwisch–Velgast–Stralsund	65 km	02.06.1991
Velgast–Barth	11 km	02.06.1991
Döbeln Hbf–Chemnitz Hbf/Chemnitz-Hilbersdorf	43 km	07.12.1991
Nauen–Neustadt (Dosse)–Wittenberge	91 km	30.05.1992
Priestewitz–Großenhain Cottbuser Bf–Ruhland	37 km	31.05.1992
Seddin–Wiesenburg (Mark)–Roßlau (Elbe) Rbf	86 km	31.05.1992
Lutherstadt Eisleben–Sangerhausen–Oberröblingen	27 km	10.12.1992
Sangerhausen–Nordhausen–Sollstedt	65 km	19.05.1993
Wiesenburg (Mark)–Güterglück	33 km	22.05.1993
Magdeburg Hbf–Marienborn–Verwaltungsgrenze DB	43 km	22.05.1993
Neustrelitz–Neubrandenburg	35 km	23.05.1993
Bergholz (bei Potsdam)–Berlin Zoologischer Garten	25 km	03.07.1993

Vorstehende Angaben (in Auswahl) wiederum basierend auf „Jahrbuch Schienenverkehr“ Nr. 10 bis 13.

Elektrisch betriebene Strecken laut der von DB und DR gemeinsam herausgegebenen Broschüre „Die Bahn in Zahlen“ bzw. „Daten und Fakten“ wie folgt:

Deutsche Bundesbahn	Ende 1989: 11 688 km	Ende 1993: 11 810 km
Deutsche Reichsbahn	Ende 1989: 3 829 km	Ende 1993: 4 736 km

Die Angabe per Ende 1993 für den DB-Bereich ist allerdings nicht stimmig. Allein durch die beiden Hochgeschwindigkeitsstrecken und neue S-Bahn-Strecken kamen seit Ende 1989 ja rund 350 km hinzu. Noch einigermaßen plausibel erscheint unter Berücksichtigung weiterer Netzergänzungen die Angabe per 31.12.1992 mit 12 149 km. Schrumpfte das elektrisch betriebene Netz der DB 1993 etwa um mehr als 300 km? – Wohl kaum.

Zur gesamten Betriebslänge gehörten jeweils auch Strecken mit besonderen Stromsystemen:
bei der DB die Hamburger S-Bahn (1200 V =; 110 km)
bei der DR die Berliner S-Bahn (800 V =; Zuwachs 1992/93 um 38 km auf 282 km) sowie unverändert die Rübelandbahn Blankenburg (Harz)–Königshütte (25 kV 50 Hz; 24 km) und die Oberweißbacher Bergbahn (600 V =; 3 km); der elektrische Betrieb der Kleinbahn Müncheberg–Buckow (600 V =; 5 km) wurde 1993 vorläufig beendet.

Erster Zug mit Elektrotraktion von Ruhland nach Priestewitz: Die E 77 10 hatte am 31. Mai 1992 die Ehre. ***Foto: R. Heinrich***

Elektrifizierung Frankfurt (Oder)–Cottbus: 212 002 bespannte am 15. Dezember 1990 den Eröffnungszug. ***Foto: H. Dörschel***

Der elektrische Betrieb (600 V =) auf der Kleinbahn Müncheberg–Buckow wurde 1993 vorläufig beendet. ***Foto: V. Emersleben***

Auch die Oberweißbacher Bergbahn ist mit 600 V Gleichstrom elektrifiziert (279 203 und 279 205; Juli 1991). ***Foto: M. Werning***

Ende September 1992 übernahmen die EVB mehrere Strecken im „Nassen Dreieck". In Geestenseth kreuzen am 28.9.1993 zwei 628.4 der EVB. ***Foto: Dr. Timmermann***

OBEN LINKS: Wegen umfassender Bauarbeiten an der Elbebrücke endeten die Züge aus Dürrröhrsdorf ab Sommer 1992 in Pirna-Copitz. ***Foto: R. Händeler***

OBEN RECHTS: Der aus Dürrröhrsdorf kommende 171 035 überquert am 7. August 1991 in Pirna die Elbe. Die Sanierung der Brücke begann 1992. ***Foto: R. Heinrich***

kirchen-Neumünster (AKN) am 23. Mai 1993 auf der Strecke Heide (Holstein) – Neumünster.

Freilich waren 1990 zahlreiche Verfahren zur Einstellung des Reiseverkehrs oder des Gesamtbetriebs anhängig, und bis 1993 wurden nochmals viele eingeleitet. Bei Weitem nicht alle kamen zum Abschluss, zumal teils eingeleitet im Hinblick auf die „Regionalisierung" nach Inkrafttreten der Bahnreform, also in der Erwartung, dass Gebietskörperschaften (mit Geld vom Bund) den Verkehr künftig finanzieren würden und es deshalb gar nicht zur Stilllegung käme.

Nebenstrecken der Deutschen Reichsbahn blieben trotz drastisch gesunkener Fahrgastzahlen bis 1993 weitgehend von der Einstellung des Reisezugverkehrs verschont. Nur wenige Strecken wurden stillgelegt, einige 1990/91 nur vorläufig bis zur baldigen Wiederaufnahme des Betriebs. Auf der Strecke Aue (Sachsen) – Blauenthal stellte die DR den Personenverkehr am 7. Dezember 1990 ein, doch musste sie ihn wegen Verfahrensfehlern am 3. Juni 1991 wieder aufnehmen.

In den Jahren 1992 und vor allem 1993 leitete die DR zahlreiche Stilllegungsverfahren nach Bundesbahnrecht ein. Diese betrafen auch die Schmalspurbahnen im Harz, doch wurden diese ebenso wie die Döllnitzbahn Oschatz – Mügeln – Kemmlitz 1993 „privatisiert". Durch die Ausgliederung der Harzer Schmalspurbahnen verminderte sich die Länge der von der DR betriebenen Schmalspurstrecken von 273 auf 142 km. Die faktisch im Dezember 1993 erfolgte, offiziell aber erst im Februar 1994 vollzogene Ausgliederung der 17 km langen Döllnitzbahn schlug sich 1993 noch nicht in der Statistik nieder.

Die Betriebslänge des Streckennetzes insgesamt gab die Reichsbahn per 31. Dezember 1993 mit 14075 km an, das waren 40 km mehr als Ende 1989. Einerseits wurden nur wenige Strecken offiziell stillgelegt, andererseits Strecken im Zuge von Lückenschlussmaßnahmen DR–DB und im Berliner Raum wieder eröffnet, auch die am 17. Dezember 1993 erfolgte Wiederinbetriebnahme des Südrings der Berliner S-Bahn (Westend – Neukölln – Baumschulenweg) floss in die DR-Statistik ein. Nur geringfügig veränderte sich offiziell die Betriebslänge der allein dem Güterverkehr dienenden Strecken, Ende 1989 betrug sie 1366 km, Ende 1992 noch 1349 km (für 1993 keine Angabe).

Die Bundesbahn bezifferte die gesamte Betriebslänge per 31. Dezember 1989 mit 27045 km, per 31. Dezember 1993 mit 26382 km (davon jeweils 6 km Schmalspur auf der Insel Wangerooge). Ende 1989 dienten laut DB-Statistik 6203 km nur dem Güterverkehr, Ende 1993 waren es 5623 km. ❑

In Gessertshausen wies die Bahnlinie Augsburg–Ulm eine enge Kurve auf, die nur 120 km/h zuließ. Um ab 1992 mit Tempo 200 fahren zu können, war eine neue Trassierung erforderlich.
Foto: A. Ritz
UNTEN LINKS: Wegen der NBS Mannheim–Stuttgart wurde die Bahnlinie Bietigheim–Mühlacker bei Vaihingen (Enz) verlegt (in Betrieb ab 30.9.1990).
UNTEN RECHTS: 110 232 verlässt den neuen Bahnhof Vaihingen (Enz) in Richtung Mühlacker.
Fotos: Th. Küstner (2)

Neu- und Ausbaustrecken

Wie bereits im Kapitel über den Start ins ICE-Zeitalter erwähnt, waren von der 327 km langen Neubaustrecke Hannover–Würzburg seit Mai 1988 die Abschnitte Edesheim–Nörten-Hardenberg (13 km) und Fulda–Würzburg (94 km) in Betrieb. Zuallererst hatte man schon im Mai 1979 das Teilstück Hannover–Rethen (12 km) eröffnet. Nach etappenweiser Freigabe für Probefahrten 1989/90 wurden die übrigen 208 Kilometer zwischen Rethen und Fulda offiziell am 29. Mai 1991 in Betrieb genommen.

Die rund 100 km lange Neubaustrecke Mannheim–Stuttgart war seit Mai 1987 im Abschnitt Mannheim–Wiesental (30 km) zusammen mit dem Anschlussstück Richtung Karlsruhe bis Graben-Neudorf in Betrieb. Am 30. September 1990 folgte die Inbetriebnahme des Abschnitts Illingen–Vaihingen (Enz)–Sersheim (6 km). Durchgehend elektrisch befahrbar war die NBS Mannheim–Stuttgart seit 18. Februar 1991, offiziell in Betrieb gingen die 66 Kilometer vom Abzweig Wiesental bis Stuttgart-Zuffenhausen am 31. Mai 1991. Zu den wichtigsten Vorhaben des Bundesverkehrswegeplans von 1985 gehörte (und zählt in dessen Fortschreibung noch immer) der Ausbau und teilweise Neubau der Rheintalbahn Graben-Neudorf–Basel. Einen kleinen Schritt zur Realisierung markierte die Inbetriebnahme des knapp 9 km langen Neubauabschnitts Bühl (Baden)–Achern am 7. März 1993. Anfang 1992 leitete man die letzten Raumordnungsverfahren für die Hochgeschwindigkeitsstrecke Köln–Rhein/Main ein.

Zu den im Zeitraum 1990 bis 1993 in Betrieb genommenen S-Bahn-Neubaustrecken der DB gehörten die Stammstrecke der S-Bahn Köln (Köln-Mühlheim–Köln-Nippes) und die von Frankfurt Konstablerwache bis Frankfurt (Main) Süd verlängerte Tunnelstrecke der S-Bahn Rhein-Main, beide eröffnet am 27. Mai 1990. Erwähnt seien auch die Flughafenanbindungen mit den Strecken Ismaning–Flughafen München Terminal (eröffnet am 17. Mai 1992) und Oberaichen–Flughafen Stuttgart (eröffnet am 17. April 1992).

Der Bundesverkehrswegeplan 1992 (BVWP '92) sah für das Schienennetz ein Investitionsvolumen von 194,9 Milliarden Mark vor, knapp 40 Prozent der Investitionen insgesamt. Aufgenommen wurden natürlich auch Lückenschlussprojekte und die Verkehrsprojekte Deutsche Einheit (u.a. die Schnellfahrstrecke Hannover–Berlin und die ABS/NBS Berlin–Nürnberg), alternativ zum Ausbau der Strecke Berlin–Hamburg für Hochgeschwindigkeit bemerkenswerterweise noch die Magnetschwebebahn. Für den Verkehrsknoten Berlin segnete die Bundesregierung im Juli 1992 das „Pilzkonzept" ab, mit dem nördlichen Innenring und der Stadtbahn gleichsam als Pilzhut und einer neuen, die Ost-West-Stadtbahn in einem Zentralbahnhof kreuzenden Nord-Süd-Fernbahn als Stiel des Pilzes.

03 1010-2

IDEALISTEN

IM PLANDAMPF-FIEBER

Bei bestellten Veranstaltungen waren auf vielen Reichsbahnstrecken Dampfloks wieder vor regulären Zügen zu erleben. Mit dem Begriff „Plandampf" grenzte die Fangemeinde solche Einsätze teils herablassend vom „Kunstdampf" vor Sonderzügen ab

Offiziell war der planmäßige Dampfbetrieb auf Normalspurgleisen der DR seit 29. Oktober 1988 beendet. Doch auch danach scheute die Reichsbahn nicht davor zurück, Dampflokomotiven gelegentlich vor Regelzüge zu spannen, beispielsweise frisch hauptuntersuchte Maschinen im Rahmen von Garantiefahrten. 1989 wurden anlässlich der Feiern zum hundertjährigen Bestehen der Strecken Annaberg-Buchholz – Schwarzenberg, Waltersdorf – Crottendorf und Orlamünde – Pößneck zahlreiche Planzüge mit Dampfloks gefahren.

Zum Jubiläum der „Orlabahn" im Oktober 1989 dampfte es auch auf der Saalebahn sowie zwischen Saalfeld und Sonneberg wieder vor Regelzügen. Auf diesen Strecken waren bereits im Mai 1988 dampfgeführte Reise- und Güterzüge des Regelverkehrs unterwegs, deren Sonderbespannung das Schweizer Reisebüro Intraflug bestellt hatte. Vom „Plandampf" war damals noch nicht die Rede, dieser Begriff für die überwiegend von westdeutschen Enthusiasten bestellte und bezahlte Dampftraktion planmäßiger Züge erlangte erst 1991 Popularität. In Ostdeutschland wurde „Plandampf" gewissermaßen zu einer Institution – von einer sich teils elitär dünkelnden Fangemeinde als das Nonplusultra gerühmt, weil aus ihrer Sicht viel authentischer als „Kunstdampf" vor Sonderzügen im Westen.

Freilich bot die DR für eine so verstandene Authentizität weitaus bessere Bedingungen als die DB. Fahrplangestaltung und die noch vielerorts vorhandene Infrastruktur mit Drehscheiben, Wasserkränen und Kohlebansen ermöglichten es, statt der normalerweise eingesetzten Elloks oder Dieselloks recht problemlos Dampflokomotiven zu verwenden. Schon in harter D-Mark mussten dafür auch Bürger der in Auflösung befindlichen DDR bezahlen. Noch zu günstigen Tarifen in Mark der DDR hatte der Verein Sächsischer Eisenbahnfreunde (VSE) den am 12. Mai 1990 erfolgten Einsatz der 50 3576 vor zwei Zugpaaren zwischen Pirna und Neustadt (Sachsen) bestellt. Sechs Wochen später beförderte die gleiche Lok reguläre Züge zwischen Nossen, Riesa und Großbothen – die Rechnung kam in DM.

Ebenfalls vom VSE bestellt, dampfte am 8. September 1990 die 86 001 mit Planzügen auf der Strecke Annaberg-Buchholz – Johanngeorgenstadt. Dank der Initiative von Klaus Wilmsmeyer aus Bad Bentheim donnerte am 13. und 14. September 1990 die 03 001 mit jeweils einem Schnellzugpaar von Dresden nach Görlitz und retour. Robin Garn aus Hamburg schaff-

Burg: 03 1010 hat den D 642 nach Halberstadt am Haken (21.10.1991). *Foto: K. Koschinski*
LINKS: Teilnehmerkarte für den Plandampf Thüringen. *Abb.: Slg. Garn*

Gerstungen: 01 118 und 01 1066 waren am 21. April 1991 die Zuglokomotiven eines schweren Sonderzugs von Darmstadt über Frankfurt und Bebra nach Eisenach, am Zugschluss schieben 132 076 und 01 531 kräftig nach. ***Foto: H. Scheiba***

44 1486 mit D 556 nach Berlin in Suhl (21.2.1991). ***Foto: K. Koschinski***

52 8075 mit dem „Gurkenzug" E 3008 in Lübben (1.5.1993). ***Foto: O. Sydow***

te es, maßgebliche Herren der Rbd Erfurt für das ehrgeizige Plandampf-Pilotprojekt „Saalebahn" zu gewinnen. Wie geplant fand das Spektakel während der Vollmondphase vom 3. bis 5. Oktober 1990 statt, unverhofft begann es just am ersten Tag der wieder erlangten deutschen Einheit. Mit Regelzügen zwischen Saalfeld und Camburg (dort auch mit D-Zügen) und auf der Strecke Göschwitz – Weimar legten die 01 1531 sowie die 41 1185 und 1231 insgesamt 2120 Lastkilometer zurück.

Dem geglückten Pilotprojekt „Saalebahn" folgte vom 21. bis 23. Februar 1991 ein Spektakel in noch größerer Dimension: Beim wiederum von Robin Garn bestellten „Plandampf Arnstadt – Meiningen" beförderten fünf Lokomotiven (01 1519, 41 1231, 44 1093, 44 1486 und 52 6666) 36 Reise- und Güterzüge durch den verschneiten Thüringer Wald. Zum „Zug der Züge" avancierte bei vielen der etwa 350 zahlenden Teilnehmer der mit neun Wagen 393 Tonnen schwere D 902, den die 41 1231 an allen drei Tagen bravourös die Rampe von Gräfenroda nach Gehlberg hinauf brachte. Als Zugabe dampfte die 91 6580 der IGE Werrabahn mit einem Postzug teils über Nebenstrecken von Bad Salzungen nach Gotha, sie trug 96 km zu den insgesamt 3055 Lastkilometern bei.

Mit dem Spektakel im Thüringer Wald etablierte sich der Begriff „Plandampf" quasi als Markenname für kleine und große Veranstaltungen ähnlicher Art – als Markenkern war der Einsatz von Dampflokomotiven vor Regelzügen definiert. Dieser fand allein zu Zeiten der Reichsbahn noch schier unzählige Male statt. Höhepunkte setzten mehrere Veranstalter, beispielsweise

- Klaus Wilmsmeyer mit dem „Plandampf Leipzig – Probstzella & Saalebahn" (28. bis 30.4.1991, sechs Loks, 3732 Last-km)
- Michael Frick mit dem „Plandampf Altmark" (9. bis 12.5.1991, sechs Loks, 4116 km)
- der Verein Sächsischer Eisenbahnfreunde mit dem „Plandampf Dresden – Oberlausitz" (2. bis 6.10.1991, neun Loks, 4297 km)
- Robin Garn mit „Viva Magistrale Berlin – Magdeburg – Halberstadt" (19. bis 22.10.1991, fünf Loks, 5342 km)
- Klaus Wilmsmeyer mit dem „Plandampf Erfurt – Bebra" (28. bis 30.8.1992, fünf Loks, 3503 km).

Die größte Plandampf-Veranstaltung der 1990er Jahre initiierte Klaus Wilmsmeyer mit dem „Frühlings-Plandampf" in der

Plandampf im Saaletal: 38 1182 ist am 9. Oktober 1993 bei Kahla mit dem N 15107 von Jena nach Orlamünde unterwegs. ***Foto: O. Sydow***

Anfang Mai 1992 wurde das Dresdner Dampflokfest erstmals veranstaltet. Unter den 17 Dampfloks befanden sich 17 1055 (vorne) und 19 017 (rechts). ***Foto: R. Heinrich***

Rbd Erfurt vom 6. bis 9. Mai 1993. Mehr als 700 Einzahler ermöglichten den Einsatz von 13 Lokomotiven (01 1531, 01 2137, 03 1010, 38 1182, 41 1231, 44 1093, 44 1486, 50 3501, 50 3688, 62 1015, 91 6580, 94 1292, 95 1027), die mit 119 Regelzügen fast 8000 Kilometer zurücklegten.

Die statistischen Angaben stammen von Robin Garn. Im 1993 erschienenen Themenheft „Plandampf" des Eisenbahn-Kuriers listete er 51 von September 1990 bis Februar 1993 durchgeführte Veranstaltungen auf, bei denen 44 Lokomotiven insgesamt 63 412 Lastkilometer erbrachten, der kilometerintensive „Frühlings-Plandampf" im Mai 1993 blieb also noch außen vor. Bis Ende 1993 dürften sich die Leistungen auf gut 75 000 km summiert haben. Daran beteiligt waren neben 19 offiziellen DR-Museumsloks auch Maschinen des regulären DR-Betriebsparks und schon in Vereinsbesitz übergegangene Lokomotiven. Als einzige „Westlok" kam die 042 271 der Rendsburger Eisenbahnfreunde vor Regelzügen zum Einsatz: Im Rahmen von Lastprobefahrten nach im Raw Meiningen vollzogener Hauptuntersuchung brachte sie am 15. Juni 1991 den D 554 von Meiningen nach Arnstadt und beförderte in der Gegenrichtung den D 952.

Nicht bloß ausnahmsweise auf Bestellung dampfgeführt war der planmäßige „Gurkenzug". So hieß ein erstmals am 20. Juli 1991, dann in den Jahren 1992 und 1993 jeweils an Samstagen während der Ausflugssaison mit diversen 52^{80} bespanntes Eilzugpaar in der Relation Nauen – Berlin – Lübbenau (Spreewald). Letztmals planmäßig mit Dampfkraft verkehrte es am 28. Mai 1994.

Natürlich bespannten die noch üppig verfügbaren Dampflokomotiven der DR auch zahlreiche Sonderzüge, wobei sie auf Hauptbahnen im D-Zug-Tempo durchaus ihre volle Leistung entfalten mussten. Die DB nahm in ihr Nostalgiefahrten-Programm ab 1991 Touren in die Neuen Bundesländer auf und bezog Reichsbahnloks in das Programm ein. Der von Puristen so bezeichnete „Kunstdampf" (übrigens nicht immer geringschätzig gemeint) war keineswegs nur nostalgisch verbrämter Kitsch. Veranstaltungen wie das Dresdner Dampflokfest, erstmals Anfang Mai 1992 im Bw Dresden-Altstadt zelebriert, gerieten zum Volksfest und dienten umso mehr einem guten Zweck. ❑

EINBRUCH UND UMBRUCH

Im zweiten Halbjahr brach der Güterverkehr der DR dramatisch ein. Wie für die Reichsbahn war auch für die DB der Güterverkehr das wichtigste Segment – und die Einnahmen waren ebenfalls rückläufig, wenngleich deutlich verhaltener. Trotz stagnierender Zahlen investierte man u.a. in den Kombiverkehr

Die Deutsche Reichsbahn beförderte auch 1989 auf einem nur halb so großen Streckennetz noch mehr Güter als die Bundesbahn. Mit einer Transportmenge von 334 Millionen Tonnen und einer Transportleistung von 59 Milliarden Tonnenkilometern erbrachte sie gut 70 Prozent des Güterverkehrs in der DDR. Aufgrund verfehlter Planziele der Volkswirtschaft sowie durch den sprunghaft angestiegenen Ost-West-Reiseverkehr noch verschärfter Kapazitätsengpässe nahmen die Gütertransporte bereits im Herbst 1989 ab. Der Rückgang setzte sich im ersten Quartal 1990 fort, blieb aber unter zehn Prozent.

Nach Inkrafttreten der deutsch-deutschen Währungsunion kam es zur Schließung zahlreicher nicht mehr wettbewerbsfähiger Industriebetriebe, obendrein wurden Transporte auf die Straße verlagert. Infolgedessen brach der Güterverkehr der DR im zweiten Halbjahr 1990 dramatisch ein, gegenüber dem Vorjahreszeitraum um über 50 Prozent. Im gesamten Jahr 1990 beförderte die DR 233,6 Millionen Tonnen und leistete 40,9 Milliarden Tonnenkilometer, jeweils etwa ein Drittel weniger als 1989. Vom Abwärtstrend war neben dem konventionellen Wagenladungsverkehr (mit praktisch allen Gutarten von Lebensmitteln bis zu Massengütern) sowie dem Stückguttransport auch der Kombinierte La-

In Seebach an der Strecke Mühlhausen–Gotha wurde im September 1990 noch Tonerde von der Seebacher Feldbahn in offene Güterwagen umgeladen.
Foto: U. Wehmeyer

Die 202 741 pausiert am 5. August 1992 in Rathenow, gelegen an der Strecke Berlin–Stendal. Auf dem Durchfahrtsgleis vor dem Empfangsgebäude steht ein Militärgüterzug, beladen mit Lastkraftwagen und Pontons einer Einheit Brückenbau-Pioniere. ***Foto: U. Wehmeyer***

dungsverkehr (KLV) betroffen. Nur noch ca. 467 000 Großcontainer mit insgesamt 2,6 Millionen Tonnen Gewicht wurden auf der Schiene befördert, 1989 waren es 866 000 Stück bzw. 5,1 Millionen Tonnen.

Im Jahr 1991 beförderte die DR nicht mal mehr halb so viele Güter wie 1990, die Gesamtmenge schrumpfte auf 119,6 Millionen Tonnen und die Transportleistung auf 18,7 Milliarden Tonnenkilometer, die Anzahl der beförderten Großcontainer gar um über 75 Prozent auf 112 500. Im Jahr 1992 schwächten sich die Einbußen deutlich ab. 1993 betrug die Gesamtmenge 82,6 Mio. t und die Transportleistung 12,8 Mrd. tkm. Neue KLV-Angebote wie z.B. im Rahmen des InterCargo-Systems führten nicht zum erhofften Wiederanstieg des Containerverkehrs, gegenüber dem Tiefstand von 1991 legte er nur bescheiden auf 121 290 Großcontainer (bzw. eine Million Tonnen) im Jahr 1993 zu. Gleichwohl blieb die Frachtsparte die wichtigste Einnahmequelle der Reichsbahn. 1993 erzielte sie im Güter- und Expreßgutverkehr einen Umsatz von 1,52 Milliarden DM, entsprechend etwa 60 Prozent der Gesamterlöse aus Beförderungsleistungen.

Haupt-Einnahmequelle der DB

Die Bundesbahn verdiente ihr Geld bis zum Schluss ebenfalls hauptsächlich mit dem Frachtentransport. 1990 beliefen sich ihre Umsatzerlöse im Schienengüterverkehr auf 7,83 Mrd. DM, 1993 noch auf 6,4 Mrd. DM. (Die darin enthaltenen Anteile des Schiffsverkehrs und der Expreßgutbeförderung sind zu vernachlässigen.) Das war jeweils etwa die Hälfte der Gesamterlöse aus Beförderungsleistungen auf der Schiene.

1990 erzielte die DB noch ca. 50 Prozent des Umsatzes im Schienengüterverkehr mit konventionellen Einzelwagenladungen. Roland Heinisch, in der DB-Zentrale „Bereichsleiter Marketing/Leistungsplanung Güterverkehr", wies in einem Beitrag für DIE BUNDESBAHN (Heft 7/1990) zwar darauf hin, dass die Eisenbahn „systembedingt ungeeignet für Nah- und flächendeckende Streuverkehre sei"; dennoch stelle der Einzelwagenverkehr auch künftig eine wichtige Einnahmequelle dar. Er solle als Geschäftsbasis erhalten bleiben und sei so zu organisieren, dass er eine „echte Ergänzung zum Zug zwischen Gleisanschlüssen und zu den Zügen zwischen den Terminals des Kombinierten Ladungsverkehrs" bilde.

Trotz dieser Zielvorgabe ging der Kahlschlag in der Fläche weiter. Allein zum Sommerfahrplan 1990 gab die DB 246 Gütertarifpunkte auf, im Jahr 1991 schloss sie 361. Nach Schließung von 190 weiteren reduzierte sich deren Anzahl bis Mitte 1992 auf 2360. Speziell das Ende des Zuckerrübentransports per Bahn bedeutete für

zahlreiche Gütertarifpunkte das Aus; zum Abschied vom Rübenzug siehe Seite 94/95.

Insgesamt war das Transportvolumen im Wagenladungsverkehr, so auch in konventionellen Ganzzügen (wie Kohle-, Erz- und Stahlzügen), seit 1989 rückläufig. Es sank zunächst noch geringfügig von rund 279 Millionen Tonnen im Jahr 1989 auf 275 Millionen Tonnen im Jahr 1991, dann deutlich auf nur noch 230 Millionen Tonnen im Jahr 1993. Insbesondere beförderte die Deutsche Bundesbahn 1992 und 1993 aufgrund der Stahlkrise weniger Montangüter.

Zukunftsträchtiger Kombiverkehr

Konjunkturschwäche und durch den Jugoslawien-Krieg bedingte Transportausfälle unterbrachen 1992 den langjährigen Aufwärtstrend beim Kombinierten Ladungsverkehr. 1993 zählte die DB 1 286 328 auf dem Schienenweg beförderte Großcontainer, das waren 87 427 weniger als 1991. Die Anzahl der im Huckepackverkehr beförderten Sendungen (Lkw-Wechselbehälter, Sattelanhänger und komplette Lastzüge) lag 1993 mit 1 060 793 um drei Prozent unter dem Wert des Jahres 1992. Frühere Stückzahlen sind wegen 1992 geänderter Zählweise nicht vergleichbar. Das Transportvolumen beider KLV-Spielarten änderte sich seit 1990 nur unwesentlich, 1993 bezifferte es die DB für den Containerverkehr mit 13 Millionen Tonnen und für den Huckepackverkehr mit 14 Millionen Tonnen.

Obwohl die aktuelle Entwicklung nicht befriedigte, setzte die Bundesbahn auf den Kombinierten Verkehr als wachsendes Marktsegment. Sie führte neue KLV-Züge ein und erweiterte durch Ausbau- und Neubau von KLV-Anlagen die Kapazitäten. 1992 gingen die neuen Umschlagbahnhöfe Stuttgart Hafen, Duisburg-Ruhrort Hafen und München-Riem in Betrieb. Die nun größte Münchner KLV-Anlage ersetzte die alte Anlage an der Arnulfstraße im Stadtzentrum. Zunächst acht Gleise dienten dem Container-Umschlag mittels vier Portalkränen, vier Umschlaggleise der „Rollenden Landstraße" (Transport kompletter Lkw), ein Gleis speziell dem KLV mit Sattelaufliegern. Im September 1993 nahm die DB den für den Container-Umschlag noch leistungsfähigeren KLV-Bahnhof Hamburg-Billwerder (acht Umschlaggleise, fünf Portalkräne) in Betrieb.

Erwähnt sei auch der am 26. September 1991 feierlich eröffnete Rangierbahnhof München Nord – laut DB-Pressetext „modernster Rangierbahnhof Europas" und mit dem „in Europa derzeit größten elektronischen Stellwerk" ausgestattet. In

Mit einem Traktor älteren Baujahres werden am 22. August 1991 in Meßkirch (Strecke Mengen–Stahringen) sechs Güterwagen rangiert. Auf dem Nebengleis steht die 290 335. ***Foto: Th. Küstner***

der ersten Ausbaustufe erhielt der Bahnhof 40 Richtungsgleise (geplant war er für 64). Er übernahm schrittweise die Zugbildungsaufgaben (Einzelwagen und Wagengruppen) der veralteten Rangierbahnhöfe München-Laim und München Ost, außerdem ersetzte er die ICG- und Sgp-Zugbildung in München Süd (Sgp = Schnellgüterzug für Post- und Stückfracht).

Als neueste Innovation stellte die DB im Juni 1990 auf der Messe „transport '90" in München den Trailerzug vor, ein vom US-amerikanischen Road Railer abgeleitetes System, bei dem Lkw-Sattelauflieger durch Unterschieben von Eisenbahn-Drehgestellen zum Schienenfahrzeug mutieren. Vom 8. Juli bis 11. Oktober 1990 wurde der aus drei solchen Fahrzeugen gebildete DB-Trailerzug bei der Reichsbahn in den Räumen Halle/Leipzig und Berlin erprobt. Am 22. Januar 1991 begann der kommerzielle Testeinsatz zwischen Ingolstadt und Schwelm (bei Wuppertal). In Regie der 1991 gegründeten Bayerischen Trailerzug GmbH sollte ab Juni 1992 ein Trailer-Ganzzug München via Brenner mit Verona verbinden. Im Dezember 1992 wurde ein Pilotverkehr Kolding (DK) – Verona durchgeführt, der Planbetrieb München – Verona startete erst im Juni 1995.

1990 stellte die DB den Trailerzug vor, ein vom amerikanischen Road Railer abgeleitetes System (12.10.1990). ***Foto: V. Emersleben***
RECHTS: Im Juni 1991 startete der InterCargoExpress, der auf der NBS Hannover–Würzburg Tempo 160 erreichte. ***Abb.: Slg. Ritz***

Ab 3. Juni 1991 verkehrten in den Relationen Hamburg – München sowie Bremen – Stuttgart aus neu entwickelten Tragwagen für Wechselbehälter und Container sowie Schiebewandwagen für Kleingut gebildete Schnellgüterzüge (Sgk) als „InterCargoExpress". Gezogen von Loks der Baureihe 120.1, befuhren sie mit 160 km/h Höchstgeschwindigkeit die Neubaustrecke. 1995 ersetzte die DB AG den InterCargoExpress durch nur noch 120 km/h schnelle Güterzüge.

Die Reichsbahn richtete zum Fahrplanwechsel im Juni 1991 ein InterCargo-System vor allem für eilige Wagenladungen ein, wie es bereits 1984 die Bundesbahn eingeführt hatte. In 20 Relationen verbanden die bis zu 100 km/h schnellen ICG-Züge im Nachtsprung die sieben Wirtschaftszentren Berlin, Dresden, Chemnitz/Zwickau, Erfurt, Magdeburg, Halle/Leipzig und Rostock. Anfang 1992 wurden die ICG-Netze der DR und DB zusammengeschlossen. Die ersten ICG-Züge beider Bahnen verkehr-

Mit einem Güterzug des kombinierten Ladungsverkehrs aus Hannover dieselt die 220 298 am 25. September 1992 in Jävenitz Richtung Stendal. ***Foto: J. Hörstel***

Dem Transport von Reisegepäck und Expreßgut diente das Ende Mai 1990 eingeführte GEP-System. Das Foto vom 13. Mai 1992 zeigt die 111 047 bei Traunstein mit einem Zug nach München. ***Foto: A. Ritz***
RECHTS: Expressdienst: ab 1. Juni 1992 mit flächendeckender Haus-Haus-Beförderung. Abb.: ***Slg. Ritz***

ten in den Relationen Berlin – Hamburg, Berlin – Hannover/Bremen, Magdeburg – Hamburg, Halle/Leipzig – Rhein/Main und Erfurt – Rhein/Neckar/Saar.

Kleingutverkehr neu organisiert

Für den Transport von Reisegepäck und eiligen Kleingütern richtete die DB am 28. Mai 1990 das GEP-System ein. GEP stand für Gepäck-, Expreßgut und ursprünglich Postbeförderung, doch Letztere wurde kurz vor dem Start verworfen. Spezielle Züge der Gattungen ExprE und ExprD stellten im Nachtsprung weitgehend umladefreie Direktverbindungen zwischen 34 Knotenpunkt-Bahnhöfen her, die Feinverteilung besorgte der Lkw. Eingeführt wurde das neue Zugsystem vor allem, um auf Gepäckwagen in D-Zügen verzichten zu können, dies auch im Hinblick auf die Ablösung von D-Zügen durch nach Taktfahrplan verkehrende InterRegios, die (ebenso wie IC-Züge) schon wegen der für das Be- und Entladen zu kurzen Aufenthaltszeiten keine Gepäckwagen mehr mitführten. Allerdings war das GEP-System zunächst sehr störanfällig, unter anderem aufgrund verspäteter Bereitstellung neuer Sortieranlagen und Transporthilfsmittel. Anstelle der Gepäckwagen kamen übrigens nach und nach Güterwagen der Gattung Hbis mit 120 km/h Lauffähigkeit zum Einsatz.

Um die chronisch defizitäre Stückgutbeförderung rationeller und (nach eigenem Bekunden) attraktiver zu gestalten, hatte die DB Anfang 1988 das System „Stückfracht '88" eingeführt, womit 126 der damals 374 Stückgutbahnhöfe in „straßenbediente Stückgutbahnhöfe" umgewandelt wurden. Bis Ende 1992 sank die Zahl der Stückgutbahnhöfe auf 187, wobei die Schließung meist straßenbediente Bahnhöfe betraf. Auch die DR hatte schon viele Stückgutbahnhöfe geschlossen, 1991/92 reduzierte sie deren Anzahl von 89 auf 51.

Zudem dünnten beide Staatsbahnen das Filialnetz für Expreßgut aus, führten aber im Expreßdienst zeitgleich einen nun flächendeckenden Haus-Haus-Verkehr ein. Die DB halbierte am 1. Juni 1992 die Anzahl der Stellen, bei denen man bahnlagerndes Expreßgut selbst abholen konnte, auf 700; das lange rückläufige Transportaufkommen in diesem Geschäftsbereich sank 1992 trotz der Reorganisation um 30 Prozent. Die DR reduzierte die Stellen für Selbstabholung am 1. Juni 1992 von 1500 auf 120.

Im März 1992 beschlossen die Vorstände von Bundes- und Reichsbahn das Konzept „Bahntrans", um in Kooperation mit dem Speditionsgewerbe die Kleingutverkehre neu zu ordnen. Das Konzept sah für DB und DR zusammen 41 Frachtzentren mit ca. 50 nachgeordneten Filialen vor, die anstelle der bisherigen Stückgutbahnhöfe ohne Umladen im Punkt-zu-Punkt-Verkehr bedient werden sollten. Realisiert wurde „Bahntrans" erst 1996. ❑

218 482 und 290 082 befinden sich am 26. Oktober 1991 mit dem Nahgüterzug 65746 (Rüben für die Zuckerfabrik Neuoffstein) auf der Fahrt von Frankenthal nach Grünstadt. In Weisenheim (Sand) zeigt das Formhauptsignal Hp 1. ***Foto: D. Kempf***

Abschied von der süßen Fracht

Im Bereich der Deutschen Bundesbahn wurde schon in den 1980er Jahren der Rübenverkehr massiv auf die Straße verlagert. Die Zahl der Wagenstellungen für den Zuckerrübentransport halbierte sich von 182335 (1980) auf 91 132 (1989), dann verringerte sie sich auf 77 877 (1990) und 55 513 (1991). Die DB rechtfertigte die Verlagerung mit den hohen Vorhaltekosten für den saisonalen Einsatz der Waggons, obwohl sie diese längst abgeschriebenen Fahrzeuge nur vereinfacht instandhielt. Zuckerfabriken stellten ihre Annahmestellen auf reine Straßenbedienung um. Der Fiskus begünstigte den Straßentransport, indem er neben den Traktoren der selbst anliefernden Bauern auch nur im landwirtschaftlichen Verkehr eingesetzte Lkw (mit grünem Kennzeichen) von der Kfz- und Mineralölsteuer befreite. Obendrein beschloss die DB 1989, den Ausnahmetarif für den Zuckerrübentransport nach dem Ende der Kampagne 1990 zu kündigen, was sie freilich erst ein paar Jahre später komplett realisieren konnte.

Im Herbst 1990 beförderte die DB 2,1 Millionen Tonnen der „süßen Fracht", knapp die Hälfte des Aufkommens von 1985. Rüben-Hochkonjunktur herrschte nochmals auf Strecken im östlichen Niedersachsen, in Rheinhessen (einer Region in Rheinland-Pfalz), in der Wetterau (Hessen), im Hessischen Ried, im Ochsengau (Unterfranken/ Nordwürttemberg) sowie in mehreren Regionen Baden-Württembergs und Bayerns.

Im Ochsengau war die Kampagne 1990 mit Transporten zur Zuckerfabrik Ochsenfurt die letzte auf dem Schienenweg. Anders als in vielen Regionen hatten hier die Landwirte nicht gegen die Stilllegung „ihrer Rübenbahn" protestiert, sondern die Einstellung des Betriebs auf der Gaubahn Ochsenfurt–Bieberehren–Creglingen/Röttingen(–Weikersheim) gefordert, um im Zuge der Flurbereinigung die Trasse ihren Äckern einverleiben zu können. Endgültig wurde die Gaubahn 1992 stillgelegt.

1991 ging der Zuckerrübentransport per Bahn in der Wetterau zur Fabrik in Groß Gerau zu Ende. Bemerkenswerterweise wurden aber von 1990 bis 1992 in Ganzzügen Rüben aus Thüringen zur ansonsten seit 1986 nicht mehr auf der Schiene belieferten Zuckerfabrik Wabern in Nordhessen befördert. 1992 fuhren in Rheinhessen die letzten Rübenzüge aus dem Raum Alzey zur Zuckerfabrik Neuoffstein. Die Einstellung des Rübenverkehrs in Rheinland-Pfalz bedeutete unter anderem das Aus für die Strecken Alzey–Selzen-Hahnheim und Rheindürkheim–Guntersblum, beide 1992 stillgelegt. 1992 endeten in Regie der Bundesbahn auch die Rübentransporte in Niedersachsen, jedoch hatten die Eisenbahnen und Verkehrsbetriebe Elbe-Weser (EVB) und die Osthannoverschen Eisenbahnen (OHE) Transporte auf DB-Gleisen übernommen.

211 133 bringt Leerwagen nach Schwaigern, die Verladung kann beginnen (1991). *Foto: F. Engbarth*
LINKS: Zuckerrüben auf der Fahrt von Hollenbek nach Ratzeburg (Oktober 1991). *Foto: St. Pfütze*
UNTEN: Abschied vom Rübenverkehr (Ebenhausen/Unterfranken, 7. Februar 1993). *Foto: Th. Mäuser*

In Bayern wurden letztmalig 1992 die Zuckerfabriken in Rain am Lech und Zeil (Unterfranken) per Bahn beliefert. Mit der Kampagne 1993 endete der Zuckerrübentransport auf der Schiene in Baden-Württemberg. Im Bereich der BD Stuttgart fuhren Rübenzüge zuletzt von noch vier Bahnhöfen zur Zuckerfabrik in Offenau (bei Bad Friedrichshall). Auf der Zabergäubahn Lauffen – Leonbronn war entgegen DB-Zusagen bereits 1991 Schluss, sie wurde Ende 1992 für jeglichen Verkehr gesperrt. Im Direktionsbezirk Karlsruhe fanden zuletzt noch von elf Bahnhöfen aus Transporte zur Zuckerfabrik in Waghäusel (nahe Karlsruhe) statt.

In der Antwort auf eine Anfrage von Abgeordneten der Bundestagsfraktion Bündnis 90/Die Grünen teilte die Bundesregierung am 14. November 1995 mit: „Ende 1993 endete in Deutschland der Zuckerrübentransport auf der Schiene." Nun, das stimmt nicht ganz. Zwar fuhren 1990 in Sachsen sowie 1991/92 in Mecklenburg-Vorpommern, Sachsen-Anhalt und Thüringen die letzten Rübenzüge auf Reichsbahnstrecken; im Land Brandenburg wurden aber noch 1994 rund 55 000 Tonnen Rüben in Bahnwaggons verladen. Und mehr als 30 Jahre nach Einstellung der regionalen Transporte in Deutschland beförderten Züge im Herbst 2016 die „süße Fracht" aus bayerischen Anbaugebieten von Nördlingen in die Schweiz, zum Werk der Schweizer Zucker AG in Frauenfeld.

NEUE NUMMERN

FÜR DIE „OST-LOKS"

Ab 1. Januar 1992 änderten sich für alle Triebfahrzeuge der Reichsbahn die Betriebsnummern, häufig betraf das nur die erste Ziffer. Den Schmalspurdampfloks teilte man ohne Ausnahme auch neue Ordnungsnummern zu

Im Vorgriff auf die Fusion von DB und DR entwickelte eine aus Fachleuten beider Bahnen gebildete Arbeitsgruppe ab Mitte 1990 ein einheitliches Nummernsystem für die Triebfahrzeuge. Seit 1970 galt bei der DR ebenso wie seit 1968 bei der DB eine (inklusive Kontrollziffer) generell siebenstellige Nummerierung. Jedoch bezeichnete die DR mit der ersten Ziffer für Loks und Triebwagen gleichermaßen die Antriebsart, mit der Ziffer 1 alle Dieseltriebfahrzeuge und mit der Ziffer 2 alle elektrischen Triebfahrzeuge. Dagegen differenzierte die DB nach Tfz-Arten, unterschied also beispielsweise zwischen Elektrolokomotiven (Ziffer 1), aus einer Fahrleitung gespeisten elektrischen Triebwagen (Ziffer 4) und Akkutriebwagen (Ziffer 5). Dampfloks hatten bei der Reichsbahn auch noch im EDV-System zweistellige Baureihennummern, wobei sie ihre bisherigen Stammnummern meist behielten, lediglich mit einer 1 oder 2 beginnende Nummern waren zu ändern. (Das betraf die Baureihen 18, 19, 22, 23^{10} und 24, die neu als 02, 04, 39, 35 und 37 bezeichnet wurden.) Bisher dreistelligen Ordnungsnummern wurde eine Ziffer vorangestellt, die wie bei ggf. zu ändernden vierstelligen Ordnungsnummern auch die Feuerungsart kennzeichnete (0 = Ölhauptfeuerung, 1 bis 8 = Rostfeuerung, 9 = Kohlenstaubfeuerung).

Nach Abwägen der Vor- und Nachteile beider Systeme einigte sich die DB/DR-Arbeitsgruppe auf ein ab 1. Januar 1992 gültiges Kennzeichnungssystem gemäß dem Bundesbahnschema. Folglich musste die DR alle Triebfahrzeuge umzeichnen,

Die 112 015 wurde bereits mit der Baureihenbezeichnung 112 geliefert. Am 27.10.1991 steht sie in Cottbus neben 132 510. ***Foto: H. Dörschel (2)***

Aus der 52 8117 wurde die 052 117. Das Foto vom 18. September 1993 zeigt sie im Bw Cottbus. Im März 1994 wurde die Lok z-gestellt.

099 903 (ex 99 2323) rollt im Juni 1992 durch Bad Doberan. Die Loknummern der Schmalspurdampfloks begannen ab 1.1.1992 mit 099. Die erste Ziffer der neu vergebenen dreistelligen Ordnungsnummern wies auf die Spurweite hin, die 9 stand für 900 mm. ***Foto: Dr. Timmermann***

während die DB es mit wenigen Ausnahmen bei den bisherigen Betriebsnummern belassen konnte.

Von den nun der Triebfahrzeugart 1 zugeordneten Elloks der DR bekamen folgende Baureihen auch hinter der 1 geänderte Kennziffern:

211 neu 109
230 neu 180 (Zweisystemloks)
250 neu 155
251 neu 171 (50-Hz-Loks Rübelandbahn)
252 neu 156 (Co'Co'-Prototypen)

Bei den Dieselloks der Baureihen 119, 120, 130, 131, 132 und 142 konnte die DR die Baureihenziffern hinter der neuen Betriebsartnummer 2 beibehalten, womit sie bei der DB freie oder frei gewordene Nummern belegte. Im Übrigen deutete, außer bei den bisherigen Baureihen 110 und 111, die dritte Ziffer noch auf die alte EDV-Bezeichnung hin. Das gilt auch für die nun als Kleinloks eingestuften und daher der Betriebsart 3 zugeordneten „V 60 DR". Hier ein Überblick:

104 neu 344 (Umbau 105/106, geplant)
105 neu 345
106 neu 346
108 neu 298 (Rangierlok, ex 110/111)
110 neu 201
111 neu 293 (Rangierlok, Typ „V 100.4")
112 neu 202
114 neu 204 (verstärkte V 100)
118 neu 228

Die 20 zur Remotorisierung vorgesehenen und teils schon im Umbau befindlichen 119er waren bereits in der Umzeichnungsliste mit Stand vom 15. Juli 1991 als Baureihe 229 enthalten. Erst später aufgenommen wurden unter anderem die Baureihen 234 (Umbau-132 für 140 km/h) und 347 (Breitspur-106 im Fährhafen Mukran).

Unter Weglassung von Einzelstücken seien folgende Triebwagen-Baureihen genannt:

Dieseltriebwagen
171 neu 771 (Schienenbusse)
172 neu 772 (Schienenbusse)
175 neu 675 (675 014 und 019, „SVT Görlitz")
188 neu 708 (Oberleitungs-Revisionstriebwagen)

Elektrotriebwagen der Berliner S-Bahn
270 neu 485
275 neu 475
276 neu 476
277 neu 477
278 neu 478

Elektrotriebwagen der Buckower Kleinbahn und der Oberweißbacher Bergbahn
279 neu 479

Die Beiwagen der Baureihe 171 wurden in 971, die Steuerwagen der Baureihe 172 in 972, die Mittelwagen der Baureihe 175 in 975, die Bei- oder Steuerwagen der Baureihen 270, 275, 276, 277 und 278 in 885, 875, 876, 877 und 878 umgezeichnet.

Der neue Nummernplan enthielt auch noch über 200 regelspurige Dampflokomotiven. Sie sollten eine der bisherigen Baureihennummer vorangestellte 0 erhalten und die letzten drei Ziffern der Ordnungsnummer behalten. (Beispiel: Die Betriebsnummer 52 8020-1 war in 052 020-5 zu ändern.) Zum Großteil waren die Loks jedoch z-gestellt oder dienten nur noch Heizzwecken, tatsächlich umgezeichnet wurden nur wenige Maschinen. Museums- und Traditionsfahrzeuge bekamen hinter der Kennziffer für die jeweilige Tfz-Art generell eine 88 als zweite und dritte Ziffer, diese Nummern schrieb man aber nur im Führerstand an.

Die 243 089 hieß am 24. November 1991 bereits 143 089. Im Bahnhof Weißenfels wurde sie gemeinsam mit der 243 302 abgelichtet. ***Foto: W.-D. Loos***

Bei den schmalspurigen Kleinlokomotiven änderte man die Baureihennummer von 199 in 399. Die durch Umbau von 110ern für die Harzer Schmalspurbahnen entstandenen Lokomotiven der Baureihe 199.8 sollten in 299.1 umgezeichnet werden. Als 099 waren die Schmalspurdampflokomotiven zu bezeichnen. Die erste Ziffer der neu vergebenen dreistelligen Ordnungsnummern wies bei allen Schmalspurtriebfahrzeugen auf die Spurweite hin; die 1 stand für 1000 mm, die 6 für 600 mm (relevant nur für Dieselloks der Berliner Parkeisenbahn), die 7 für 750 mm und die 9 für 900 mm. Jedoch änderten sich durch die neue Systematik die bisherigen Ordnungsnummern meist völlig, was Eisenbahner und Eisenbahnfreunde erzürnte. Ungeachtet dessen wurden die meisten Schmalspurtriebfahrzeuge umgezeichnet. Davon ausgenommen blieben jene der Harzer Schmalspurbahnen. Wohl auch im Hinblick auf die baldige Kommunalisierung weigerte man sich dort, die neuen Nummern anzubringen.

Das neue Kennzeichnungssystem trat am 1. Januar 1992 in Kraft. Zur DB gelangte Loks der bisherigen Baureihen 212, 243 und 250 erhielten schon 1990/91 die neuen Betriebsnummern, einige Monate vor dem Stichtag auch etliche Maschinen im DR-Bereich, manche Fahrzeuge wurden aber erst später umgezeichnet. In der Regel malte oder klebte man die neuen Nummern auf, dies teilweise auf schwarzen Schildern.

Bereits zum 1. Januar 1991 hatte die Bundesbahn ihre elf noch vorhandenen Elektroloks der Baureihe 112 in 113 umgezeichnet. Die Nummern der Meterspur-Köf auf der Insel Wangerooge änderte die DB gemäß dem neuen Schema von 329 501 bis 504 in 399 101 bis 104, die des dortigen Triebwagens von 699 001 in 699 101. ❑

201 133 (ex 110 133) ist am 8. April 1992 mit dem N 19577 aus Stumsdorf in Bitterfeld eingetroffen.
Foto: K. Koschinski

NEUE LOKS
UND TRIEBWAGEN

Mit Triebköpfen der Baureihe 401 und ab Juli 1990 gelieferten Mittelwagen bildete die DB die ICE-Züge der ersten Generation. 1992 übernahm sie mietweise den EuroSprinter 127 001 und stellte die ersten Pendolini vulgo „Pendolinos" der Baureihe 610 in Dienst. Der DB und DR wurden ab Dezember 1992 die 112.1 übergeben, erstmals gemeinsam beschaffte Triebfahrzeuge. Keine Serie folgte den Prototypen der Baureihe 156. Durch Umbauten entstanden die Diesellok-Baureihen 229, 234, 298 und 344

V. Emersleben

Baureihe 112

Acht Jahre nach dem Debüt der für 140 km/h zugelassenen 212 001 („Weiße Lady") erhielt die DR 1990 vom LEW Hennigsdorf die Vorserienloks 212 002 bis 005, eine Variante der Baureihe 243 für nun 160 km/h Höchstgeschwindigkeit. 1991/92 folgten 35 Serienmaschinen der Baureihe 212 bzw. 112. Anschließend lieferte die AEG insgesamt 90 von der DB und DR bestellte Lokomotiven der Baureihe 112.1 mit verbesserter Bremse und Steuerung.

Baujahre	1990 bis 1994
Stückzahl	39 (112.0), 90 (112.1)
Dienstgewicht	82,5 t
Dauerleistung	4000 kW
Höchstgeschwindigkeit	160 km/h

Baureihe 127

1991/92 fertigten Krauss-Maffei und Siemens den „EuroSprinter ES 01". Der für unterschiedliche Stromsysteme konzipierte (aber nur für 15 kV 16 2/3 Hz ausgerüstete) Prototyp entstand in enger Anlehnung an die von der deutschen 120.1 abgeleitete S 252 für die spanische RENFE. Am 21. September 1992 übernahm ihn die DB mietweise als 127 001. Auf der Schnellfahrstrecke zwischen Fulda und Würzburg erzielte die 127 001 am 6. August 1993 mit 310 km/h einen Weltrekord für Drehstromlokomotiven.

Baujahr	1992
Dienstgewicht	86 t
Dauerleistung	6400 kW
Höchstgeschwindigkeit	230 km/h

M. Werning

Baureihe 156

LEW Hennigsdorf lieferte 1991 vier Baumusterloks einer sechsachsigen Type für den schweren Güterzugdienst. Die zunächst als 252 001 bis 004 eingereihten, ab 1992 als 156 001 bis 004 bezeichneten Maschinen stellten eine Weiterentwicklung der Baureihe 250 (155) und im E-Teil der Baureihe 243 (143) dar; die 156 003 und 004 erhielten eine Siemens-Mikroprozessor-Steuerelektronik „SIBAS 16". Die geplante Serienbeschaffung unterblieb.

Baujahr	1991
Stückzahl	4
Dienstgewicht	120 t
Dauerleistung	5580 kW
Höchstgeschwindigkeit	125 km/h

R. Heinrich

H. Dörschel

Baureihe 240

Am 2. Oktober 1989 stellte Krupp-MaK in Kiel die DE 1024 der Öffentlichkeit vor, eine für 160 km/h ausgelegte dieselelektrische Co'Co'-Lokomotive mit Drehstrom-Antriebstechnik. Mit finanzieller Förderung des Landes Schleswig-Holstein und der Europäischen Gemeinschaft wurden drei Loks gebaut, die die DB Anfang 1990 anmietete und als 240 001 bis 003 einreihte. Der planmäßige Einsatz erfolgte in Schleswig-Holstein (unter anderem mit IC-Zügen zwischen Hamburg und Westerland sowie Kiel), außerdem im IC-Verkehr Berlin – Hamburg. Nach Beendigung des Mietverhältnisses mit der DB AG im Juli 1996 wurden die zuletzt nur noch selten eingesetzten Maschinen an die Häfen- und Güterverkehr Köln AG (HGK) verkauft.

Baujahr	1989
Stückzahl	3
Dienstgewicht	117 t
Dieselmotorleistung	2650 kW
Höchstgeschwindigkeit	160 km/h

399 105 und 106

Für die meterspurige Inselbahn Wangerooge erhielt die DB im November 1992 von der Mansfeld Transport GmbH (ehemals Mansfeld-Kombinat) zwei dreiachsige Kleinloks, Typ L18H-C des rumänischen Herstellers FAUR. Die als 399 105 und 106 bezeichneten Fahrzeuge sollten eigentlich alte 329er ablösen, konnten aber nicht zufriedenstellen. Sie werden bis heute meist vor kurzen Güterzügen eingesetzt, insbesondere bei Ausfall der 1999 beschafften 399 107 und 108 auch im Personenverkehr.

Baujahr	1990
Dienstgewicht	16,5 t
Leistung	132 kW
Höchstgeschwindigkeit	28 km/h

Dr. Timmermann

Th. Küstner

Baureihe 401

Die Triebköpfe für den ICE 1 wurden ab September 1989 geliefert, die Mittelwagen jedoch erst ab Juli 1990. Ab Jahresende 1990 konnte die Bundesbahn komplette Garnituren zusammenstellen. Mit 25 aus je zwei Triebköpfen der Baureihe 401 und zwölf Mittelwagen gebildeten Garnituren begann am 2. Juni 1991 der planmäßige Einsatz. Bis 1993 erhielt die DB 120 Triebköpfe und 694 Mittelwagen, mit denen 60 Einheiten gebildet wurden. 1996 kamen für den ICE 1 noch 26 im Rahmen der Auftragsvergabe für den ICE 2 bestellte Mittelwagen hinzu. Die Gesamtleistung beider mit je vier Drehstrom-Asynchronmotoren bestückten Triebköpfe beträgt 9600 kW, ausgelegt für die Beförderung von bis zu 14 Mittelwagen mit der betrieblichen Höchstgeschwindigkeit von 280 km/h.

Baujahre	1989 bis 1993
Stückzahl	120 Triebköpfe, 60 Züge ICE 1
Sitzplätze maximal	ca. 800
Dauerleistung je Triebkopf	4800 kW
Höchstgeschwindigkeit	280 km/h

Baureihe 480

1986/87 hatte die Waggon Union an die damals für die S-Bahn in West-Berlin zuständigen Berliner Verkehrsbetriebe (BVG) vier Prototypen der Baureihe 480 geliefert. Wie bei der Berliner S-Bahn üblich, handelte es sich um Zwei-Wagen-Züge (Viertelzüge) als kleinste betriebliche Einheit, jedoch nicht mehr in der Konfiguration Trieb- und Beiwagen, sondern als Doppeltriebwagen ausgeführt und zudem mit modernster Drehstrom-Antriebstechnik ausgerüstet. Von 1990 bis 1992 wurden 41 im Detail modifizierte Serienzüge noch an die BVG geliefert, 1993/94 weitere 40 außer von der Waggon Union auch im AEG-Werk Hennigsdorf gefertigte Doppeltriebwagen an die DR und schließlich die DB AG.

Baujahre (Serie)	1990 bis 1994
Stückzahl (Serie)	81 Doppeltriebwagen
Sitzplätze	92
Stundenleistung	824 kW
Höchstgeschwindigkeit	100 km/h

K. Koschinski

M. Werning

Baureihe 628.4

Ab Oktober 1992 erhielt die DB aus der Baureihe 628.2/928.2 weiterentwickelte Triebzüge der Baureihe 628.4/928.4 mit verstärkter Motorleistung, geändertem Getriebe und vergrößertem Einstieg am Kurzkupplungsende. Von den 306 bis Ende 1995 gefertigten Einheiten wurden zehn an andere Bahnen geliefert: die 628/928 405 bis 408 und eine weitere Einheit (ohne vorherige DB-Nummernvergabe) an die Eisenbahnen und Verkehrsbetriebe Elbe-Weser (EVB), 628/928 505 und 506 an die Luxemburgischen Eisenbahnen (CFL), 628/928 679 und 680 an die Rumänischen Staatseisenbahnen (CFR) sowie die als 628/928 675 vorgesehene Einheit an die Frankfurt-Königsteiner Eisenbahn (FKE) für die Taunusbahn Friedrichsdorf–Grävenwiesbach. Mithin wurden 296 Einheiten an die DB und DB AG geliefert, wobei die DB AG die Betriebsnummern 628/928 675 nachbesetzte und auch noch die zunächst nur mietweise der Westerwaldbahn überlassene Einheit 628/928 677 im Bestand führte.

Baujahre	1992 bis 1995
Stückzahl (DB/DB AG)	296 Triebzüge
Sitzplätze	146
Motorleistung	485 kW
Höchstgeschwindigkeit	120 km/h

Baureihe 610

1992/93 stellte die DB für die RegionalSchnellBahn Ostbayern 20 Doppeltriebwagen mit Neigetechnik der Bauart Fiat in Dienst. Beim Pendolino-System neigen sich die Wagenkästen in Gleisbögen elektronisch gesteuert mittels Hydraulikzylindern um bis zu acht Grad. Bei der Traktionsausrüstung der 160 km/h schnellen 610er rückte die DB erstmals von der dieselhydraulischen zugunsten der dieselelektrischen Kraftübertragung ab.

Baujahre	1991 bis 1993
Stückzahl	20 Doppeltriebwagen
Sitzplätze	136
Dieselmotorleistung	2 x 485 kW
Höchstgeschwindigkeit	160 km/h

D. Kempf

NEUE TYPEN DURCH UMBAU

Baureihe 229

Für den InterCity- und InterRegio-Verkehr benötigte die DR Diesellokomotiven mit 140 km/h Höchstgeschwindigkeit und einer leistungsfähigen Anlage zur zentralen Energieversorgung klimatisierter Wagen. Auch galt es, die konstruktive Überarbeitung der 1990 zum Großteil nicht mehr einsatzfähigen 119er aus rumänischer Produktion zu forcieren. Die Krupp Verkehrstechnik GmbH, Essen, erarbeitete ein Modernisierungsprogramm für 50 Loks der Baureihe 119, die Reichsbahn erteilte den Auftrag zum Umbau von 20 Exemplaren. Neben je zwei neuen MTU-Dieselmotoren erhielten die Loks unter anderem neue Strömungsgetriebe, Heizgeneratoren und Führerpulte, komplett erneuert wurde auch das Bremssystem. So kam der Umbau fast einem Neubau gleich. Von den 119ern blieben praktisch nur der Kasten, der Rahmen und die Drehgestelle erhalten. Im Zeitraum Mai 1992 bis September 1993 nahm die DR die 20 Maschinen der nunmehrigen Baureihe 229 ab und setzte sie bevorzugt im InterCity-Verkehr ein, wobei es aber nicht lange blieb.

M. Krolop

Umbaujahre	1992 und 1993
Stückzahl	20
Dienstgewicht	96 t
Motorleistung	2 x 1380 kW
Höchstgeschwindigkeit	140 km/h

Baureihe 234

Speziell für den Einsatz vor IC- und IR-Zügen im Ost-West-Verkehr wurden 35 Lokomotiven der Baureihe 232 ab 1991 durch Änderung der Getriebeübersetzung, Verstärkung der Bremsanlage und Modifikationen an den Drehgestellen für 140 km/h ertüchtigt. Diese Loks bekamen auch eine klimatisierten IC-Wagen leistungsangepasste zentrale Energie-Versorgungsanlage (ZEV). Sechs weitere Maschinen rüstete das Raw Cottbus 1992/93 versuchsweise mit neuen Dieselmotoren aus, jeweils zwei mit Motoren von Caterpillar, Kolomna und Krupp. 18 im Jahr 1994 sowie fünf erst 1996 umgerüstete Loks bekamen zeitmultiplexe Doppeltraktions- und Wendezugsteuerungen (ZDS/ZWS). Somit wurden insgesamt 64 Maschinen der Baureihe 232 in 234er umgebaut.

Umbaujahre	1991 bis 1996
Stückzahl	64
Dienstgewicht	122 t
Dieselmotorleistung	2200 kW
Höchstgeschwindigkeit	140 km/h

H. Dörschel

Baureihe 298

Bereits 1978 hatten das Bw Halle G und das Raw Stendal die 110 156 und 161 durch Austausch der Getriebe in ab 1985 als 108 156 und 161 bezeichnete Rangierlokomotiven umgebaut. 1990 rüstete das Raw Stendal die 111 036 und 037 (eine 1981/82 von der DR beschaffte Variante des Industrietyps V 100.4) um, kurzzeitig noch als 108 036 und 037 eingereiht. 1991 begann der Serienumbau von Loks der Baureihen 110 (201) und 111 (293), der auch den Einbau neuer, auf 750 kW Nennleistung eingestellter Dieselmotoren umfasste. Bis 1993 wurden (inklusive der vier schon umgerüsteten Loks) 45 Maschinen der ehemaligen Baureihe 110 und 35 der ehemaligen Baureihe 111 in Rangierlokomotiven der Baureihen 298.0 bzw. 298.3 umgebaut, die Auslegung für eine Höchstgeschwindigkeit von 80 km/h berücksichtigte auch den Einsatz im Güterzugdienst.

M. Krolop

Umbaujahre	1978, 1990 bis 1993
Stückzahl	80
Dienstgewicht	62,2 t
Motorleistung	750 kW
Höchstgeschwindigkeit	80 km/h

Baureihe 344

Um den in bestimmten Diensten wegen hoher Leerlauf- und Teillastanteile unverhältnismäßig hohen Kraftstoffverbrauch zu senken, wurde schon 1984 die 106 900 (spätere 344 900) mit einem Dieselmotor verminderter Leistung ausgerüstet. Von 1991 bis 1993 rüstete das Raw Chemnitz 80 Loks der Baureihen 105/106 bzw. 345/346 serienmäßig mit 365-kW-Motoren aus, die man zur Baureihe 344 umzeichnete.

Umbaujahre	1984, 1991 bis 1993
Stückzahl	81
Dienstgewicht	55 t
Motorleistung	365 kW
Höchstgeschwindigkeit	60 km/h

V. Emersleben

CHRONIK

Ab 27. Mai 1990 verkehrt 111 049 mit dem Airport-Express von Stuttgart nach Frankfurt (Main) Flughafen.

Am 15. Dezember 1990 wird die DR-Baureihe 254 offiziell verabschiedet (Böhlen, 2.7.1990). *Fotos: W. Wölke (2)*

1991: Neues Outfit mit der Kennfarbe Mintgrün für zwei LVT-Einheiten. *Foto: V. Emersleben*

UNTEN: AVG-Triebwagen fahren ab 29. April 1991 zwischen Karlsruhe und Pforzheim. *Foto: Th. Küstner*

1990

Am 3. Oktober tritt die DDR der Bundesrepublik bei. Deutschland ist wiedervereint und behält trotzdem zwei Staatsbahnen. In Artikel 26 des Einigungsvertrags vom 31. August ist eine Fusion von DB und DR nicht terminiert. Für die Koordinierung der „beiden Sondervermögen" sind die jeweiligen Vorstandsvorsitzer verantwortlich, sie haben darauf hinzuwirken, die Bahnen „technisch und organisatorisch zusammenzuführen".

Eine von DB-Vorstandschef Reiner Maria Gohlke und DR-Generaldirektor Herbert Keddi schon zum 1. April vereinbarte Planungsgesellschaft „Die Bahn" mit dem Ziel gemeinsamer Unternehmensführung wird von Bundesverkehrsminister Friedrich Zimmermann missbilligt. Schroff schreibt er am 19. März an Gohlke, von den Bahnen formulierte verkehrspolitische Thesen lägen außerhalb ihrer Kompetenz und im Übrigen griffen sie der Arbeit der Regierungskommission vor. Frustriert wechselt Gohlke im Juli zur Treuhand, der Posten des DB-Vorstandsvorsitzers bleibt ein halbes Jahr vakant. Als Nachfolger von Keddi beruft DDR-Verkehrsminister Horst Gibtner am 1. Juni Hans Klemm zum Generaldirektor der DR.

Praktisch handeln die Bahnen schneller als die Politik:

- Ihre Basa-Netze, die internen Fernsprechleitungen, werden schrittweise zusammengeschaltet.
- Am **12. Februar** kommt die DR-Diesellok 132 425 zur Versuchsanstalt beim BZA München, um die Energieversorgung für IR- und IC-Züge zu erproben.
- Am **8. Mai** tritt eine Vereinbarung zum wechselseitigen Einsatz von Triebfahrzeugen und Zugpersonal in Kraft.
- Am **26. Mai** vollziehen Bundes- und Reichsbahn feierlich den Lückenschluss zwischen Eichenberg und Arenshausen, 01 1531 befördert den Eröffnungszug.
- Zum **Fahrplanwechsel am 27. Mai** wird der IC- und IR-Verkehr auf das Netz der Reichsbahn ausgedehnt. Der InterCity „Johann Sebastian Bach" verbindet Frankfurt am Main mit Leipzig. InterRegios fahren zwischen Köln und Berlin sowie München und Leipzig.
- Ab **1. August** verbindet IC „Max Liebermann" (zunächst ein durch die DR angemieteter ehemaliger TEE-Triebzug des Typs VT 11.5) Hamburg mit Berlin.
- Am **15. September** treffen im Bw Offenburg die DR-Elloks 243 925 und 926 ein. Nach erfolgreicher Erprobung auf der Schwarzwaldbahn mietet die DB ab Oktober/November zahlreiche bei ihr schon als 143 bezeichnete Lokomotiven an, die (beheimatet beim Bw Mannheim 1) hauptsächlich auf der Strecke Offenburg – Konstanz zum Einsatz kommen.

Weitere Ereignisse bei DB und DR:

- Ab **27. Mai** verkehrt zwischen Stuttgart und Frankfurt (Main) Flughafen der aus der 111 049 und entsprechend umlackierten Wagen gebildete Lufthansa-Airport-Express.
- Am **28. Mai** führt die Bundesbahn für Gepäck und Expreßgut das GEP-System ein. Koffer und Pakete werden nun in eigens gebildeten Zügen und abseits der Hauptlinien generell per Lkw befördert. Somit entfallen in vielen Reisezügen die Gepäckwagen.
- Zum **30. September** werden die Reichsbahndirektionen Cottbus, Greifswald und Magdeburg aufgelöst, ihre Strecken ordnet man den Rbd Berlin, Dresden, Schwerin und Halle zu. Die Rbd Erfurt bleibt unverändert bestehen.
- Aufgelöst wird am **30. September** auch die für die Reichsbahn zuständige Transportpolizei, ihr Personal übernimmt größtenteils die nunmehrige „Bahnpolizei im Bundesgrenzschutz".
- Ab **2. Oktober** erprobt die DR die 212 002, erste von vier Prototypen für eine sich anschließende Serie von 35 Elloks der Baureihe 212.0 – die 160 km/h schnelle Variante der Baureihe 243.
- Am **15. Dezember** nimmt die DR den elektrischen Betrieb zwischen Fürstenwalde (Spree) und Frankfurt (Oder) sowie auf der Strecke Frankfurt (Oder) – Eisenhüttenstadt – Cottbus auf. Am **23. Dezember** folgt im Grenzbahnhof Oderbrücke der Zusammenschluss der elektrifizierten Streckennetze von DR und PKP, was zwangsläufig eine Systemtrennstelle zwischen dem deutschen Wechselstrom- und dem polnischen Gleichstromsystem erfordert hat.

- Auf der Strecke Langenfeld – Köln verlegt die DB abschnittweise „Y-Schwellen“ auf fester Fahrbahn ohne Schotterbett.
- **Ausgedient** haben die „Eisenschweine“ der Baureihe 254, ehemals E 94. Mit dem Sonderzug zum offiziellen Abschied befahren die 254 106 und 254 056 am 15. Dezember nochmals das Sächsische Dreieck Leipzig – Riesa – Dresden – Chemnitz (bis Ende Mai 1990 Karl-Marx-Stadt) – Glauchau – Leipzig.

1991

Nach dem Wahlsieg vom 2. Dezember 1990 bildet der Kanzler der Einheit Mitte Januar das Kabinett um. Verkehrsminister wird der Mecklenburger Günther Krause (CDU).

Seit dem Neujahrstag ist Heinz Dürr, bisher Vorstandvorsitzender der AEG, Chef des DB-Vorstands. Anfang September übernimmt er auch den Vorsitz des DR-Vorstands. Der erfolgsgewohnte Manager präsentiert am 12. März eine düstere Bilanz. Mit 4,96 Milliarden DM hat die DB 1990 den größten Verlust ihrer Geschichte eingefahren. Um den Bankrott abzuwenden, fordert Dürr die Umwandlung beider deutscher Bahnen in eine von Altschulden befreite Aktiengesellschaft. Neun Monate später empfiehlt der Abschlussbericht der „Regierungskommission Bundesbahn“ eben diese Rechtsform.

Die Deutschen Bahnen kooperieren immer enger. Mit drei Lückenschlüssen wachsen ihre Netze weiter zusammen. Die DR beginnt, ihre Reisezugwagen in DB-Produktfarben zu lackieren, also die Fensterbänder in Orientrot (für IC/EC), Fernblau (für InterRegios und andere Fernreisezüge) und Minttürkis (für Regionalzüge). Ebenfalls in der populär „Mintgrün“ genannten Kennfarbe des Regionalverkehrs werden schon 1991 die in 772/972 009 und 771/971 043 umgenummerten LVT-Einheiten lackiert, Letztere nach Modernisierung inklusive Einbau eines neuen Dieselmotors. Im Rahmen der Kooperation beider Staatsbahnen kommt es auch zum vermehrten Einsatz von DR-Elloks durch die DB.

- Ab **Januar** erhält das Bw Dortmund 1 Maschinen der Baureihe 243 bzw. 143.
- Ab **März** testet das Bundesbahn-Zentralamt Minden die 212 004; dem Bw Seelze zugewiesene und in 112er umgezeichnete Loks gleichen Typs bespannen ab **August** IC-Züge zwischen Hannover und Bremerhaven/Oldenburg.
- Vom **21. bis 28. Juni** erprobt das BZA München die 250 089. Ab **29. September** setzt das Bw Nürnberg 2 (Rbf) acht solche nun als Baureihe 155 geführte Sechsachser regulär unter anderem zwischen Nürnberg und Probstzella ein.
- Am **25. Mai** wird zunächst eingleisig die durch das Werratal führende Strecke Gerstungen – Herleshausen – Eisenach wieder in Betrieb genommen.
- Mit Festakten am **28. September** werden die fränkisch-thüringischen Lückenschlüsse zwischen Neustadt (bei Coburg) und Sonneberg sowie Mellrichstadt und Rentwertshausen vollzogen.
- Zum **Fahrplanwechsel am 2. Juni** geben DB und DR erstmals ein gemeinsames Kursbuch heraus, das – ebenfalls ein Novum – für das ganze Fahrplanjahr gilt. Als Jahrhundertereignis gilt der Start der DB ins Zeitalter der Hochgeschwindigkeit. Der InterCityExpress bedient zunächst die Linie Hamburg –

Aufgrund von Kapazitätsengpässen bei der DR führte die Regentalbahn in Viechtach Hauptuntersuchungen an Loks der Baureihe 119 durch (20. März 1991). ***Foto: R. Händeler***

Heinz Dürr leitete ab 1. Januar 1991 die DB. ***Foto: DB***

Heinz Dürr

Nach dem Wechsel Gohlkes zur Treuhandanstalt berief der DB-Verwaltungsrat am 18. Oktober 1990 Heinz Dürr zum Vorstandsvorsitzer, seine Amtszeit begann am Neujahrstag 1991. Nach dem Weggang von Hans Klemm übernahm er am 1. September 1991 auch den Vorsitz des Vorstands der DR, womit erstmals ein Nicht-Eisenbahner die Deutsche Reichsbahn leitete. Seit 1. Juni 1992 Vorsitzer des gemeinsamen Vorstands von DB und DR, fiel Dürr 1994 quasi automatisch der Posten des Vorstandsvorsitzenden der DB AG zu.

Der 1933 geborene Sohn eines Stuttgarter Kleinunternehmers hatte Maschinenbau studiert, dann den Familienbetrieb „Otto Dürr“ geführt und zu einem international tätigen Unternehmen der Metallbranche ausgebaut. 1980 an die Spitze der schwer angeschlagenen AEG-Telefunken AG berufen, konnte er diese zwar nicht retten, aber 1985 die AEG immerhin unter das kapitalstarke Dach der Daimler-Benz AG steuern.

Als Bahnchef forcierte der agile Schwabe die in der (Alt-) Bundesrepublik jahrelang verschleppte Bahnreform mit dem Ziel, DB und DR von den Altschulden zu befreien und als rechtlich privatisiertes Unternehmen neu aufzustellen – „Unternehmen Zukunft“ hieß die richtungsweisende Kampagne. Vorstandsvorsitzender der DB AG blieb Dürr bis Juli 1997. Anschließend wurde er Aufsichtsratsvorsitzender der DB AG, dieses Amt legte er im Februar 1999 nieder.

Frankfurt – München, zwischen Hannover und Fulda sowie Mannheim und Stuttgart mit bis zu 280 km/h auf Neubaustrecken. Herausragende Neuerung im DB-DR-Verkehr ist die Integration Berlins in das EC-/IC-System mit den im Zweistundentakt bedienten Linien Berlin – Braunschweig – Frankfurt (Main) – Karlsruhe und Berlin – Hannover – Köln – Basel. Bei der DR geht mit dem Fahrplanwechsel die Ära der Städte-Expreßzüge (Ex) zu Ende, auch die Gattung IEx für internationale Expreßzüge verschwindet.

Schlaglichter außerhalb der DB/DR-Kooperation:

- Am **2. Januar** stellt die DR die letzten Maschinen der Baureihe 243 (243 656 bis 659) in Dienst.
- Auf der **Leipziger Frühjahrsmesse** im März präsentiert LEW Hennigsdorf die 252 004, vierte Baumusterlok einer neu entwickelten Co'Co'-Type für den schweren Güterzugdienst.
- Am **20. März** liefert die Regental Fahrzeugwerkstätten GmbH in Viechtach die

Schwedischer X2000-Neigezug auf Versuchsfahrt, aufgenommen am 30. Juli 1991 bei Mittelsinn auf der Neubaustrecke Fulda – Würzburg. ***Foto: D. Kempf***

Am 26. September 1991 geht der neue Rangierbahnhof München Nord in Betrieb. ***Foto: Dr. Rampp***
LINKS: Im Juni 1991 enden die letzten E 44-Rangiereinsätze (Gaschwitz, Februar 1990). ***Foto: H. Dörschel***

Schwarze Chronik

2. Februar 1990

Im Bahnhof Rüsselsheim stoßen zwei S-Bahn-Züge der Baureihe 420 zusammen. Der Richtung Frankfurt (Main) fahrende Zug hat zuvor am Bahnsteig gehalten. Dann beschleunigt dessen Triebfahrzeugführer voll, obwohl ihm das mit Indusi-Magnet ausgestattete Vorsignal schon bei der Einfahrt „Halt erwarten" angezeigt hatte. Folglich passiert der Zug mit ca. 90 km/h das (vom Bahnsteigende etwa 300 m weit entfernte) „Halt" gebietende Ausfahrsignal und gerät trotz der sofort eingeleiteten Zwangsbremsung in den Fahrweg des entgegenkommenden Zuges. Beide Züge prallen mit enormer Wucht zusammen. Schreckliche Bilanz: 17 Tote und 145 zum Großteil schwer Verletzte. In Konsequenz auch aus dem Rüsselsheimer Unglück wird die Indusi I 60 durch die des Typs PZB 90 ersetzt. Deren restriktivere Geschwindigkeitsüberwachung verhindert, dass ein Zug nach einem Halt so schnell an ein „Halt" zeigendes Hauptsignal heranfahren kann, dass bei folgender Zwangsbremsung der vorgesehene Durchrutschweg nicht mehr ausreicht.

27. Juli 1991

Bei der Ausfahrt aus dem Bahnhof Oebisfelde stößt der nächtliche D 448 (Dresden – Köln) mit einem einfahrenden Kesselwagenzug zusammen, dessen Lokführer das Halt zeigende, nicht mit Indusi ausgerüstete Einfahrsignal missachtet hat. Die Lokomotiven (132 063 vom D-Zug und 216 166 vom Güterzug) verkeilen sich, neun Kesselwagen stürzen um und geraten in Brand. Beide Lokführer sterben, aus dem D 448 werden 21 Verletzte geborgen.

15. November 1992

Bahnhof Northeim an der Nord-Süd-Strecke, nachts um halb zwei: Am zweiten Wagen (ein für Bahndienstzwecke umgebauter Behelfspackwagen MDyg^{986}) eines aus Richtung Hannover kommenden Güterzugs ist ein Puffer abgerissen, infolgedessen entgleist der siebte Wagen und stellt sich auf dem Streckengleis der Gegenrichtung quer. Augenblicke später prallt der mit 120 km/h nahende D 482 (München – Kopenhagen) auf den Güterwagen. Drei Reisezugwagen stürzen um, ein vierter wird zur Seite geschleudert. Elf Menschen, darunter der Lokführer des D-Zugs, kommen ums Leben, 51 Reisende werden zum Teil schwer verletzt. Nach Ermittlung der Unglücksursache stellt die Bundesbahn alle Behelfspackwagen MDyg^{986} ab und mustert sie Ende 1993 aus.

Karfreitag, 9. April 1993

Zwischen Berlin-Wannsee und Griebnitzsee stoßen der von 229 113 gezogene IC 995 (Berlin – Frankfurt/Main) und der von 218 267 gezogene D 10545 aus Hannover frontal zusammen. Die Lokomotiven verkeilen sich, der erste Wagen des InterCitys wird regelrecht zerquetscht. Eine Reisende im IC und die beiden Lokführer auf der 218 sterben, 33 Reisende sind schwer verletzt. Die Unglücksursache ist komplex, ausschlaggebend aber ein vom Fahrdienstleiter in Berlin-Wannsee irrtümlich gegebenes Ersatzsignal, das den Lokführer des IC 995 bewogen hat, am Halt zeigenden Ausfahrsignal in Wannsee vorbei das linke Streckengleis zu befahren.

hauptuntersuchte 119 078 der DR aus. Die Lok ist orientrot mit lichtgrauem „Latz“ auf den Stirnseiten lackiert. Die kurz danach in Viechtach aufgearbeitete 119 087 wird ebenso gespritzt, doch setzt sich dieses Farbdesign nicht durch.

- Ab **29. April** werden auf der Bundesbahnstrecke Karlsruhe Hbf – Pforzheim Hbf Zweisystem-Stadtbahnwagen der Albtal-Verkehrsgesellschaft (AVG) erprobt; der in dieser Relation auf ein Jahr befristete Planeinsatz beginnt am 2. Juni.
- Am **2. Juni** eröffnen Bundeskanzler Kohl und der tschechoslowakische Verkehrsminister Jiri Nezval den Eisenbahngrenzübergang Bayerisch Eisenstein. Jahrzehntelang war die quer durch den Bahnhof verlaufende Grenze abgeriegelt.
- Auf der Ausstellung des Europäischen Eisenbahnkongresses in Berlin-Lichtenberg gastiert am **6./7. Juli** ein schwedischer X2000-Neigezug (SJ-Baureihe X2). Danach absolviert er Versuchs- und Demonstrationsfahrten unter anderem auf der Gäubahn zwischen Stuttgart und Rottweil sowie auf den Neubaustrecken Mannheim – Stuttgart und Fulda – Würzburg.
- Am **15. September** wird die Meterspurstrecke von Schierke zum Brocken feierlich wieder eröffnet. Zunächst fahren nur Sonderzüge, am 1. Juli 1992 nimmt die DR den regulären Personenverkehr wieder auf.
- Am **26. September** nimmt die DB den Rangierbahnhof München Nord offiziell in Betrieb.
- Die DR erprobt ab **November** die für Tempo 140 ertüchtigte 132 335, am 7. November erreicht die Lok 145 km/h. Künftig erhalten die umgerüsteten Maschinen der Baureihe 132/232 die Bezeichnung 234.
- Die DB beginnt im **Dezember** mit der Erprobung von „Pendolinos“ der Baureihe 610. Außer in Franken, dem künftigen Einsatzgebiet, finden Testfahrten auch im Weserbergland statt.
- **Ausgedient** haben die letzten DR-Lokomotiven der Baureihe 244 (E 44), zum Schluss noch bis Juni in Braunsbedra im Geiseltal mit Rangieraufgaben beschäftigt. Jedoch bleibt die in Wismar zum Vorheizen von Reisezugwagen verwendete 244 103 als 144 103 über das Jahr 1993 hinaus im Betriebsbestand.

Bei der Bundesbahn ausgeschieden sind schon Anfang 1991 die Baureihen 608.8 und 633.8: der Salontriebzug 608 801/908 801 und der Salontriebwagen 633 803. Beide für die US Army vorgehaltenen Fahrzeuge wurden verkauft.

1992 wurde der Hetzdorfer Viadukt durch eine 2 km lange Neubaustrecke mit zwei Spannbetonbrücken ersetzt (Brückenbelastung mit Baureihe 220). ***Fotos: R. Heinrich (2)***

Ein eigens aus Spanien herbeigeholter TALGO-Hotelzug wird am 7. April 1992 in Berlin-Lichtenberg in der künftigen DB-Farbgebung präsentiert. ***Foto: K. Koschinski***

1992

Am 8. Oktober stirbt Willy Brandt. Der große alte Mann der SPD hat sich vehement für das Zusammenwachsen von Ost- und West engagiert, obwohl dies nach eigenem Bekunden „auch ein schmerzhafter Prozess“ sei. Im wohlstandsgewohnten Westen klagt man mittlerweile über die „Kosten der Einheit“. Die auf den Vereinigungsboom folgende Rezession und die Strukturkrise vieler Branchen bewirken in den alten Bundesländern einen Anstieg der Arbeitslosenzahl auf 2,5 Millionen. Die Wirtschaftsflaute führt auch bei der DB zu einem deutlichen Rückgang des Güterverkehrs.

Ab 1. Januar haben DB und DR ein gemeinsames Triebfahrzeugnummernsystem, ab 1. Juni einen gemeinsamen Vorstand unter dem Vorsitz von Heinz Dürr. Am 15. Juli entscheidet das Bundeskabinett, beide Bahnen Anfang 1994 in eine Aktiengesellschaft umzuwandeln.

Weiteres chronologisch notiert.

- Am **1. April** wird die S-Bahn-Strecke zwischen Berlin-Wannsee und Potsdam wieder eröffnet, damit ist erstmals eine seit dem Mauerbau 1961 unterbrochene Verbindung vom Westteil Berlins ins Umland wieder hergestellt.

6. April 1992: 10 000 Dieselloks wurden seit 1960 in Chemnitz ausgebessert.

2. Dezember 1992: Übergabe der ersten Lokomotive der Baureihe 112.1 bei der AEG in Hennigsdorf. ***Foto: K. Koschinski***
LINKS AUSSEN: Am 1. Oktober 1992 führen DB und DR die BahnCard ein, die Fahrten zum halben Preis ermöglicht. ***Foto: V. Emersleben***

- Ebenfalls am **1. April** übernimmt der Bundesgrenzschutz die Bahnpolizisten der DB.
- Auf einer Fahrzeugschau in Berlin-Lichtenberg ist am **7. April** ein aus spanischen TALGO-Wagen gebildeter „HotelExpress“ im fernblau/lichtgrauen Farbkleid zu bewundern. Kurz zuvor hat die DB 112 solcher Wagen für besonders komfortable Nachtzüge geordert.
- Im Bw Halle G wird am **8. April** als erste von Krupp in Essen umgebaute 219 die 229 100 feierlich der DR übergeben.
- Tarifkonflikt: Vom **27. April bis 7. Mai** streiken tausende Eisenbahner, der ICE-Verkehr bricht am 5. Mai zusammen.
- Pünktlich zur Eröffnung erhält der neue Münchner Flughafen am **17. Mai** Anschluss ans S-Bahn-Netz.
- **Fahrplanwechsel am 31. Mai**: Mit drei neuen IC-Linien (Hamburg – Dresden, München – Berlin und Saarbrücken – Dresden) und darin integrierten EuroCity-Zügen wird der IC/EC-Verkehr zwischen DB und DR erheblich ausgeweitet. Neue IR-Linien gibt es auch im DR-Binnenverkehr. Die bisherige IC-Linie Hamburg/Bremen – Würzburg – München wird komplett auf ICE-Bedienung umgestellt. „ICE-Sprinter“ verbinden Frankfurt (Main) mit München.

  Auf der Strecke Leipzig – Geithain – Chemnitz verkehren erstmals bei der DR RegionalSchnellBahn-Züge (RSB). Zum Einsatz kommen 232er mit aus „Langen Halberstädtern“ umgebauten Wagen der Bauarten Byu und ABDomsbd (1. Klasse-Wagen mit Gepäckraum und Behindertenabteil).

  In den Relationen Nürnberg – Bayreuth und Nürnberg – Hof macht die RegionalSchnellBahn mit den „Pendolinos“ der Baureihe 610 Furore.
- Ab **Juli/August** erhalten die Bw Düsseldorf 1 und Nürnberg 1 dauerhaft Loks der Baureihe 143 für den S-Bahn-Verkehr.
- Am **21. September** reiht die DB den von Krauss-Maffei/Siemens gebauten „EuroSprinter“-Prototyp 127 001 in ihren Fahrzeugpark ein.
- Am **27. September** nimmt die Albtal-Verkehrsgesellschaft mit Zweisystem-Zügen für 750 Volt Gleichstrom und 15 kV 16 $^{2}/_{3}$ Hz Wechselstrom den regulären Stadtbahnbetrieb auf der Linie B Karlsruhe Albtalbahnhof – Hbf – Marktplatz – Durlach – Bretten-Gölshausen auf. Beim „Karlsruher Modell“ wechseln die Züge erstmals von einem innerstädtischen Straßenbahnnetz auf eine DB-Strecke. Vier 1994 von Duewag/ABB gelieferte Zweisystem-Triebzüge kommen als 450 001 – 004 in den Bestand der DB AG.
- Am **28. September** übernimmt die Eisenbahnen und Verkehrsbetriebe Elbe-Weser

April 1993: Ein TALGO-Nachtzug verkehrt probeweise zwischen Hannover und München. ***Foto: A. Ritz***

Im September 1993 beginnt in der Region München der Einsatz von neuen DB-Doppelstockwagen, die vom DWA-Werk Görlitz geliefert wurden. ***Foto: A. Ritz***

GmbH vier DB-Strecken im Elbe-Weser-Dreieck. Die Bundesbahn hat sie zum symbolischen Preis von einer Mark an die EVB verkauft, sich aber zu einer Investitionshilfe von rund 21 Millionen DM verpflichtet.

- Ganz Deutschland zum halben Preis: Am **1. Oktober** führen DB und DR die BahnCard ein.
- Mit einem Festakt im Werk Hennigsdorf übergibt die AEG am **2. Dezember** den Deutschen Bahnen die erste von 90 gemeinsam bestellten Lokomotiven der Baureihe 112.1. Diese Ehre zuteil wird der mit den Buchstaben „DR" beklebten 112 101, fertiggestellt ist auch die mit dem DB-Keks beklebte 112 146.

1993

Der durch seine „Dienstmädchen-Affäre" wegen ungerechtfertigter Bereicherung ins Zwielicht geratene Verkehrsminister Günther Krause tritt am 6. Mai zurück, Nachfolger wird Matthias Wissmann (ebenfalls CDU).

Erst erfreuliche, dann peinliche Schlagzeilen sind im Frühjahr der Stuttgarter S-Bahn gewidmet. Auf die Eröffnung der dortigen Flughafenlinie am 17. April folgt ab 21. April das Chaos. Wegen schlechter Qualität des Spurkranz-Schmieröls müssen die meisten 420er abgestellt werden, eilends aus Frankfurt und München herbeigeholte Triebzüge sowie Wendezug-Einheiten ermöglichen einen Notbetrieb.

Letzte Notizen vom Geschehen bei Bundes- und Reichsbahn:

- Zum **1. Februar** gibt die DR die Harzquer-, Brocken- und Selketalbahn an die Harzer Schmalspurbahnen GmbH (HSB) ab.
- Im **April** fährt ein elfteiliger TALGO-Nachtzug der Spanischen Staatsbahn im Messeverkehr zwischen Hannover und München, danach unternimmt er (ein Jahr vor dem Einsatz DB-eigener TALGO-Züge als InterCityNight) „Schnupper-Touren" zwischen Berlin und München sowie Bonn.
- Am **18. Mai** geht das ICE-Bw München in Betrieb.
- Am **22. Mai** endet die elfjährige Ära der Lufthansa-Flüge auf Höhe null. Die zwischen Frankfurt und Düsseldorf als Airport-Express eingesetzten „ET 403" werden abgestellt. Die seit Mai 1991 im Lufthansa-Outfit als Zuglok des Airport-Express zwischen Stuttgart und Frankfurt fungierende 103 101 wird kurz nach dem Ende dieses Dienstes orientrot lackiert. Letztmalig verkehren am 22. Mai auch FD-Züge.
- **Fahrplanwechsel am 23. Mai**: Highlight ist die Integration Berlins ins ICE-Netz. Die weißen Schienenflitzer erreichen die Hauptstadt auf der Route über den neu elektrifizierten Streckenabschnitt Helmstedt – Magdeburg und weiter via Güterglück – Wiesenburg – Michendorf. Zunächst fahren sie zum Bahnhof Berlin-Lichtenberg, erst ab 3. Juli zum Bahnhof Berlin Zoologischer Garten. (Erläutert ist das im ICE-Kapitel.)
- Auf Usedom lösen modernisierte LVT die lokbespannten Züge ab.
- Die RegionalSchnellBahn Ostbayern wird um die mit „Pendolinos" bedienten Strecken von Nürnberg nach Weiden und Furth im Wald erweitert.
- Als Modellfall für einen bundesweit integralen Taktfahrplan in der Region gilt der „Allgäu-Schwaben-Takt".
- Zum **1. Juli** führt die DB in den ICE-Zügen Hamburg – Basel den „Am-Platz-Service" ein und schafft den Speisewagenservice ab. Die meisten Reisenden finden das gar nicht lustig. Folglich hat das vorübergehend zur Lounge umfunktionierte BordRestaurant ab 4. Oktober wieder geöffnet.
- Am **6. August** erreicht der „EuroSprinter" 127 001 auf der Neubaustrecke zwischen Würzburg und Fulda 310 km/h. Das bedeutet einen deutschen Rekord für Elektrolokomotiven, für Drehstromloks sogar Weltrekord!
- In München werden am **10. September** die ersten vom DWA-Werk Görlitz an

Abschiedsparade: Am 22. Mai 1993 fahren die 403er letztmals in Diensten der Lufthansa. ***Foto: M. Werning***

Der vom Raw Wittenberge entwickelte neue Kopf für Steuerwagen ging 1993 in Serie. RECHTS AUSSEN: 1992/93 erhielt die DR 100 Steuerwagen der Bauart DABgbuzf[760]. ***Fotos: V. Emersleben (2)***

die Bundesbahn gelieferten Doppelstockwagen vorgestellt. Ihr planmäßiger Einsatz in der Region München beginnt drei Tage später.

- Das Bw Oberhausen erhält **am 25. September** die ersten fünf dort fest beheimateten Lokomotiven der Baureihe 232.
- Im **Dezember** fahren auf Strecken der BD Karlsruhe letztmals Rübenzüge. Abgesehen von erneuten Transporten zur Kampagne 1994 im Land Brandenburg endet damit in Deutschland der klassische Rübenverkehr auf der Schiene.
- Am **1. Dezember** gibt der Bundestag endgültig seinen Segen zur Bahnreform, am 17. Dezember auch der Bundesrat. Mittlerweile hat ein Stuttgarter Designfachmann den DB-Keks „entschnörkelt", also beginnt am 1. Januar 1994 die schnörkellose Ära der DB AG.

Kurz notiert zum Reisezugwagenpark

Rasch genannt sind die noch an die Bundesbahn fabrikneu gelieferten Reisezugwagen:

- im Jahr 1990 weitere 122 InterCity-Wagen Bvmz[185] (mit Mix aus Großraum und Abteilen)
- 1991/92 die dritte Bauserie der x-Wagen mit 41 Fahrzeugen für die S-Bahnen Rhein-Ruhr und Nürnberg
- 1993 die 75 Doppelstockwagen der Bauarten DBz[750] und DABz[755], mit deren ersten Exemplaren Mitte September im Münchner Raum der Siegeszug der Dosto-Wagen auch in Westdeutschland begann
- im November 1993 die ersten 24 von 112 bestellten TALGO-Wagen für das neue Produkt „InterCityNight".

Weitaus mehr Wagen neuer Typen entstanden durch Umbau. Im Zeitraum 1990 bis 1993 bauten die PFA in Weiden und Kooperationspartner etwa 770 D-Zug-Wagen für die DB in InterRegio-Wagen um (Bauarten siehe InterRegio-Kapitel). Für den Lufthansa-Airport-Express (LAE) zwischen Stuttgart und Frankfurt (Main) wurden 1990 vier Eurofima-Abteilwagen Avmz[207] zu Avmz[206] modifiziert, dann 1991 sieben druckertüchtigte Wagen (drei Avmz[107], vier Bmpz[293]) für den Einsatz zweier LAE-Garnituren auf der Neubaustrecke hergerichtet und in Avmz[106] und Bpmz[296] umgezeichnet.

In die Mitte der 1980er Jahre eingeleitete Modernisierung von „Silberlingen" (n-Wagen) zu CityBahn- und RegionalSchnellBahn-Wagen bezog die DB ab 1991/92 auch zwei italienische Firmen ein. Allein von 1990 bis Ende 1993 mutierten rund 770 „Silberlinge" zu wegen des mintgrün/lichtgrauen Anstrichs so genannten „Mintlingen". Zu Steuerwagen umgebaute Fahrzeuge sowie modernisierte Steuerwagen bekamen ab 1993 den vom Raw Wittenberge ähnlich der Frontpartie des 628.4 gestalteten „Wittenberger Kopf".

Die Deutsche Reichsbahn erhielt an Neubau-Reisezugwagen:

- 1990 weitere 180 vom Raw Halberstadt gefertigte Seitengang-Wagen der Bauarten Am und Bm, hiervon ein Bmz mit Drehgestellen für 200 km/h, verändertem Interieur und InterRegio-Lackierung geliefert (Baumuster für Bmz[236])
- 1991 serienmäßig 112 Bmz[236] für den EC/IC-Verkehr, davon 87 in IC-Farben und 25 zunächst in IR-Farben lackiert
- 1991 vom Waggonbau Bautzen 40 Amz[210] in IR-Lackierung, aber nicht mit IR-Ausstattung.
- sowie im Zeitraum 1990 bis 1993 vom Waggonbau Görlitz insgesamt 305 Doppelstockwagen, davon 1992/93 die 100 Steuerwagen der neuen Bauart DABgbuzf[760] mit abgeschrägter Stirnpartie.

Im Übrigen wurden ab 1992 serienmäßig etwa 300 Halberstädter Seitengang-Wagen noch für die DR in InterRegio-Wagen umgebaut, 37 IR-Wagen für die DR baute die PFA Weiden im Jahr 1993 aus D-Zug-Wagen der Bundesbahn um. 1991 begann das Re-Design hunderter Mitteleinstiegswagen des Halberstädter Typs Bmh zu CityBahn- und RegionalSchnellBahn-Wagen der Bauart By(u), 1992 serienmäßig auch das Re-Design hunderter Doppelstockwagen.

Allerdings überstieg die Anzahl der von 1990 bis 1993 ausgemusterten Reisezugwagen bei DB und DR die Anzahl der neu beschafften und modernisierten Wagen bei Weitem. Die DB musterte allein 1992/93 etwa 1800 asbestkontaminierte Fahrzeuge aus. Zahlenmäßig kaum relevant, aber erwähnenswert: Nach einer Schonfrist aufgrund des Mehrbedarfs infolge Öffnung der innerdeutschen Grenze schieden bei der DB die letzten bereits 1989 zur Ausmusterung vorgesehenen Umbau-Vierachser der yg-Bauarten und Eilzugwagen der yl-Bauarten aus – bis auf einen kleinen Restbestand, von dem sich Ende Februar 1994 die DB AG trennte. Auch zahlenmäßig relevant war hingegen die Ausmusterung von Reko-Wagen bei der DR: Anfang 1990 verfügte sie noch über rund 2600 Wagen der Bauart Bghw, bis Ende 1993 sank deren Stückzahl auf knapp 1200.

Der Gesamtbestand an Reisezugwagen (inklusive Gepäckwagen) sank laut DB/DR-Statistiken bei der Bundesbahn von 12 604 Ende 1989 auf 10 541 Ende 1993. Bei der Reichsbahn verminderte er sich auch wegen der Ausmusterung vieler Doppelstock-Einheiten noch deutlicher von 8924 auf 5732.

NEUES für Ihre EISENBAHN-BIBLIOTHEK

KOMPETENT, BILDGEWALTIG, HOCHWERTIG – VGB-BÜCHER BIETEN FUNDIERTES WISSEN UND LANGLEBIGE INFORMATIONEN FÜR EISENBAHNFREUNDE

Freiburg und seine Verkehrswege

Gerhard Greß, der bekannte Eisenbahn-Bestseller-Autor, widmet sich in seinem neuesten Werk seiner Heimatstadt Freiburg. Für dieses Buch hat er sehr viele bisher unveröffentlichte Aufnahmen aus allen Epochen ausgegraben und zu einem ganz außergewöhnlichen und sehr umfangreichen Band zusammengestellt.

232 Seiten, 22,3 x 29,7 cm, Hardcover,
über 400 Farb- und Schwarzweißfotos
Best.-Nr. 581630 | € 34,95

Hamburg und die Eisenbahn 1964–1973

Der Hamburger Fotograf Rainer Schnell hat das Geschehen auf Hamburgs Schienen seit seinem 14. Lebensjahr dokumentiert. Dabei kam auch die städtische Umgebung, durch die die Strecken führen, nicht zu kurz. Dieses Buch zeigt eine Auswahl der besten Fotos, bereichert um viele Schilderungen und teilweise persönliche Erlebnisse rund um die Bahn.

256 Seiten, Format 22,3 x 29,7 cm, Hardcover,
ca. 440 Farb- und historische Schwarzweißfotos
sowie Karten und Pläne
Best.-Nr. 581605 | € 34,95

Weitere Titel dieser Reihe

264 Seiten, ca. 450 Farb- und historische Schwarzweißfotos
Best.-Nr. 581528 | € 39,95

144 Seiten, ca. 200 Farb- und historische Schwarzweißfotos
Best.-Nr. 581532 | € 24,95

208 Seiten, ca. 440 Farb- und Schwarzweißfotos
Best.-Nr. 581623 | € 34,95

144 Seiten, ca. 300 Farb- und historische Schwarzweißfotos
Best.-Nr. 581632 | € 29,95

www.facebook.com/vgbahn

Erhältlich im Fach- und Buchhandel oder direkt bei:
VGB-Bestellservice · Am Fohlenhof 9a · 82256 Fürstenfeldbruck
Tel. 08141/534810 · Fax 08141/53481-100 · bestellung@vgbahn.de

VGB [VERLAGSGRUPPE BAHN]

Unsere Fachhändler im In- und Ausland, geordnet nach Postleitzahlen

Modellbahn-Center • EUROTRAIN Idee+Spiel-Fachgeschäft • Spielzeugring-Fachgeschäft
FH = Fachhändler • RW = Reparaturdienst und Werkstätten • H = Hersteller • A = Antiquariat • B = Buchhändler • SA = Schauanlagen

01187 Dresden
SCHILDHAUER-MODELLBAHN
Würzburger Str. 81
Tel.: 0351 / 27979215 • Fax: 0351 / 27979213
www.modellbahn-schildhauer.de
modellbahn-schildhauer@online.de
FH

01445 Radebeul
MODELLEISENBAHNEN
Grundkötter GmbH
Hauptstr. 22
Tel.: 0351 / 8308180 • Fax: 0351 / 8365950
www.modellbahn-radebeul.de • gruni64@aol.com
FH/RW

04159 Leipzig
bahnundbuch.de
Versandhandel für Fachliteratur, Videos, DVDs, CDs
Raustr. 12
Tel.: 0341 / 2682492 • www.bahnundbuch.de
B

10318 Berlin
MODELLBAHNBOX
KARLSHORST
Treskow-Allee 104
Tel.: 030 / 5083041
www.modellbahnbox.de
FH/RW/A EUROTRAIN

10589 Berlin
MODELLB. am Mierendorffplatz GmbH
Mierendorffplatz 16
Direkt an der U7 / Märklin-Shop-Berlin
Tel.: 030 / 3449367 • Fax: 030 / 3456509
www.Modellbahnen-Berlin.de
FH EUROTRAIN

10789 Berlin
MODELLBAHNEN TURBERG
Lietzenburger Str. 51
Tel.: 030 / 2199900
Fax: 030 / 21999099
www.turberg.de
FH/RW/A/B EUROTRAIN

12105 Berlin
MODELLBAHN PIETSCH GMBH
Prühßstr. 34
Tel./Fax: 030 / 7067777
www.modellbahn-pietsch.com
EUROTRAIN

14057 Berlin
BREYER MODELLEISENBAHNEN
Kaiserdamm 99
Tel./Fax: 030 / 3016784
www.breyer-modellbahnen.de
FH/RW/A

22083 Hamburg
MEISES ModellbahnCenter
MMC GmbH & Co. KG
Beethovenstr. 64
Tel.: 040/60563593 • Fax: 040/18042390
www.meises-mobacenter.de
FH/RW EUROTRAIN

25355 Barmstedt
MODELLBAHNEN HARTMANN
Reichenstr. 24
Tel.: 04123 / 6706
Fax: 04123 / 959473
Modellbahnen-Hartmann@t-online.de
FH/RW/B EUROTRAIN

28865 Lilienthal b. Bremen
HAAR
MODELLBAHN-SPEZIALIST
Hauptstr. 96
Tel.: 04298 / 916521 • Fax: 04298 / 916527
haar.lilienthal@vedes.de
FH/RW

30159 Hannover
TRAIN & PLAY
Modelleisenbahnen • Modellautos
Breite Str. 7 • Georgswall 12
Tel.: 0511 / 2712701
Fax: 0511 / 9794430
FH/RW/A

33102 Paderborn
EMS EXCLUSIV MODELL-SESTER
Friedrichstr. 7 • Am Westerntor
Tel.: 05251 / 184752 • Fax: 05251 / 184753
www.modellbahn-sester.de
info@modellbau-sester.de
FH/RW/A/B

34379 Calden
RAABE'S SPIELZEUGKISTE
Ankauf – Verkauf von Modelleisenbahnen, Autos
Wilhelmsthaler Str. 11
Tel.: 05674/8234317 • wraabe@gmx.net
FH/RW/A/SA

40217 Düsseldorf
MENZELS LOKSCHUPPEN
TÖFF-TÖFF GMBH
Friedrichstr. 6 • LVA-Passage
Tel.: 0211 / 373328
www.menzels-lokschuppen.de
FH/RW EUROTRAIN

42289 Wuppertal
MODELLBAHN APITZ GMBH
Heckinghauser Str. 218
Tel.: 0202 / 626457 • Fax: 0202 / 629263
www.modellbahn-apitz.de
FH

44141 Dortmund
DER LOKSCHUPPEN
DORTMUND GMBH
Märkische Str. 227
Tel.: 0231 / 412920 • Fax: 0231 / 421916
www.Lokschuppen.com
FH EUROTRAIN

44339 Dortmund
MODELL TOM
• NEU • GEBRAUCHT • SERVICE •
Evinger Str. 484
Tel.: 0231 / 8820579 • Fax: 0231 / 8822536
www.modelltom.com
FH/RW

45479 Mülheim
MODELLBAHNLÄDCHEN EULER
K. EULER
Grabenstr. 2
Tel.: 0208 / 423573 • Fax: 0208 / 30599996
modellbahneuler@aol.com
FH

49078 Osnabrück
J.B. MODELLBAHN-SERVICE
Lotter Str. 37
Tel.: 0541 / 433135
Fax: 0541 / 47464
www.jbmodellbahnservice.de
FH/RW EUROTRAIN

52062 Aachen
M. HÜNERBEIN OHG
Markt 11–15
Tel.: 0241 / 33921
Fax: 0241 / 28013
EUROTRAIN

53111 Bonn
MODELLBAHNLAND BONN
Kölnstr. 32-34
Tel.: 0228 / 342410
Fax: 0228 / 348918
www.modellbahnland.de
FH/RW/H/A/SA

53111 Bonn
MODELLBAHNSTATION
BONN
Römerstr. 23
Tel.: 0228 / 637420
FH EUROTRAIN

58135 Hagen-Haspe
LOKSCHUPPEN HAGEN HASPE
Vogelsanger Str. 36-40
Tel.: 02331 / 404453 Fax: 02331 / 404451
www.lokschuppenhagenhaspe.de
office@lokschuppenhagenhaspe.de
FH/RW

63110 Rodgau
MODELL + TECHNIK
Ute Goetzke
Untere Marktstr. 15
Tel.: 06106 / 74291 • Fax: 06106 / 779137
info@mut-goetzke.de
FH

63654 Büdingen
MODELL & TECHNIK
RAINER MÄSER
Berliner Str. 4
Tel.: 06042 / 3930
Fax: 06042 / 1628
FH EUROTRAIN

67071 Ludwigshafen-Oggersh.
SPIELWAREN WERST
Schillerstraße 3
Tel.: 0621 / 682474
Fax: 0621 / 684615
www.werst.de • werst@werst.de
FH/RW

67146 Deidesheim
moba-tech
der modelleisenbahnladen
Bahnhofstr. 3
Tel.: 06326 / 7013171 • Fax: 06326 / 7013169
www.moba-tech.de • info@moba-tech.de
FH/RW

67655 Kaiserslautern
DiBa-MODELLBAHNEN
Königstr. 20-22
Tel./Fax: 0631 / 61880
geschaeft@diba-modellbahnen.de
FH/RW EUROTRAIN

69214 Eppelheim/Heidelberg
MODELLBAHN SCHUHMANN
Schützen-/Ecke Richard-Wagner-Str.
Tel.: 06221 / 76 38 86
Fax: 06221 / 768700
www.Modellbahn-Schuhmann.de
FH/RW EUROTRAIN

70180 Stuttgart
SUCH & FIND
An- + Verkauf von Modellbahnen
Mozartstr. 38
Tel. + Fax: 0711 / 6071011
www.suchundfind-stuttgart.de
A

71334 Waiblingen
EISENBAHNTREFFPUNKT
Schweickhardt GmbH & Co. KG
Biegelwiesenstr. 31
Tel.: 07151/937931 • Fax: 07151/34076
ets@modelleisenbahn.com
FH/RW/A/B EUROTRAIN

71638 Ludwigsburg
ZINTHÄFNER
Spiel – Freizeit
Solitudestr. 40
Tel.: 07141 / 925611
FH

71720 Oberstenfeld
SYSTEM COM 99
Modellbahn-Zentrum-Bottwartal
Schulstr. 46
Tel.: 07062 / 9788811
www.Modellbahn-Zentrum-Bottwartal.de
FH/RW EUROTRAIN

72657 Altenriet bei Stuttgart
MODELLBAHNÖL SR-24
HANS WEISS
Im Breiten Baum 2
Tel.: 07127 / 35020 • Fax: 07127 / 21616
E-Mail: hans.weiss@geromail.de
H

73431 Aalen
MODELLBAU SCHAUFFELE
Wilhelm-Merz-Str. 18
Tel.: 07361/32566
Fax: 07361/36889
www.schauffele-modellbau.de
FH/RW/Märklin Shop in Shop

QUELLENVERZEICHNIS

Karl-Dieter Bodack: InterRegio – Die abenteuerliche Geschichte eines beliebten Zugsystems. EK-Verlag, Freiburg 2005

Ingo Hütter: Ein Déjà-vu oder die Wiederkehr des heutigen DB-Logos; in BAHN*Epoche* 01 (Winter 2012). Verlagsgruppe Bahn, Fürstenfeldbruck 2012

Urs Kramer, Bruno Schütz: Rübenzüge (in der Reihe „Verkehrsgeschichte"). Transpress-Verlag, Stuttgart 2001

Erich Preuß: Der Reichsbahn-Report 1945–1993. Transpress Verlag, Berlin 1993

Helmut Roggenkamp, Uli Ruopp, Uwe Nußbaum (Hrsg.): Jahrbuch Schienenverkehr Nr. 10 (1990/91). Verlag Dr. Bernhard Abend, Stuttgart 1991

Helmut Roggenkamp (Hrsg.): Jahrbuch Schienenverkehr Nr. 11 und 12 (1991/92 und 1992/93). Verlag Schweers + Wall, Aachen 1992 und 1993

Helmut Roggenkamp: Jahrbuch Schienenverkehr Nr. 13 (1993). Verlag Kenning, Nordhorn 1994

Ralf Roman Rossberg: Grenze über deutschen Schienen 1945–1990. EK-Verlag, Freiburg 1991

Horst Weigelt, Ulrich Langner (Hrsg.): Chronik Deutsche Bundesbahn – 44 Jahre Zeitgeschichte. Hestra-Verlag, Darmstadt 1997

Weitere Publikationen:

EK-Special, Hefte 119 und 123 „Die DB vor 25 Jahren" (1990 und 1991)
EK-Themen, Hefte 53 und 55 „Die DR vor 25 Jahren (1990 und 1991). EK-Verlag, Freiburg 2015 und 2016

EK-Themen, Heft 11: Plandampf – Normalspur-Dampfloks vor Regelzügen der DR 1990–1993 (Hrsg. Robin Garn). EK-Verlag, Freiburg 1993

Broschüren „Die Bahn in Zahlen 1991/1992" (Hrsg.: Zentrale Pressestellen der DB und DR) sowie „Daten und Fakten 1993/94" (Hrsg.: Zentralbereich Konzernkommunikation der DB AG)

Geschäftsberichte der DB und DR 1991 und 1993

Kursbücher der DB und DR 1990 bis 1993

Ausgewertet wurde auch die zeitgenössische Berichterstattung in der Tagespresse und diversen Zeitschriften für Eisenbahnfreunde.

Udo Kandler

EISENBAHN IN FRANKFURT/MAIN

Drehkreuz im deutschen Fernverkehr | frühe Wendezüge
wichtige Bahnbetriebswerke | auf Nebenbahnen ins Umland

EJ-Sonderausgabe 2/2017 erscheint im Juli 2017

Jürgen Nelkenbrecher

BAUREIHE 78 (PREUSS. T 18)

Tenderlok für den Schnellzugdienst | Technik und Bauartänderungen
Beheimatungen und Einsätze | Wendezugdienst bei der DB

EJ-Special 2/2017 erscheint im September 2017

Eisenbahn JOURNAL

Gegründet von H. Merker
Erscheint in der Verlagsgruppe Bahn GmbH

Am Fohlenhof 9a, 82256 Fürstenfeldbruck
Tel. 0 81 41/5 34 81-0 • Fax 0 81 41/5 34 81-200
E-Mail: redaktion@eisenbahn-journal.de
Internet: www.eisenbahn-journal.de

Chefredakteur Gerhard Zimmermann

Redaktion Andreas Ritz, Dr. Christoph Kutter, Tobias Pütz

Extra-Ausgabe 1/2017:
DB und DR – 1990 bis 1993

Autor Konrad Koschinski
Gastautor Olav Kettner

Redaktion Andreas Ritz

Gestaltung Sabine Novotny

Verlagsgruppe Bahn GmbH VGB

Am Fohlenhof 9a, 82256 Fürstenfeldbruck
Tel. 0 81 41/5 34 81-0 • Fax 0 81 41/5 34 81-100

Geschäftsführung Manfred Braun, Ernst Rebelein, Horst Wehner

Verlagsleitung Thomas Hilge

Anzeigenleitung Bettina Wilgermein (Durchwahl -153)

Anzeigensatz und Anzeigenlayout Evelyn Freimann (Durchwahl -152)

Vertriebsleitung Elisabeth Menhofer (Durchwahl -101)

Vertrieb und Auftragsannahme Sandra Corvin (Durchwahl -107), Ingrid Haider (-108), Angelika Höfer (-104), Petra Schwarzendorfer (-105)
E-Mail: bestellung@vgbahn.de

Sekretariat Katrin Bratzler, Petra Schwarzendorfer

Außendienst, Messen Christoph Kirchner, Ulrich Paul

Marketing Thomas Schaller (Durchwahl -141), Karlheinz Werner (-142)

Vertrieb Pressegrosso und Bahnhofsbuchhandel MZV GmbH & Co. KG, Ohmstraße 1, 85716 Unterschleißheim, Postfach 12 32, 85702 Unterschleißheim, Tel. 089/3 19 06-0, Fax 089/3 19 06-113

Abo-Service FUNKE direkt GmbH, Postfach 104139, 40032 Düsseldorf, Tel. 0211/69 07 89-985, Fax 0211/69 07 89-70

Bildbearbeitung Fabian Ziegler

Druck Vogel Druck und Medienservice GmbH Höchberg

Extra 1/2017
ISBN 978-3-89610-684-1